金华两头乌猪（照片由浙江金华熊猫猪猪两头乌产业发展有限公司提供）

金华两头乌猪（照片由浙江金华熊猫猪猪两头乌产业发展有限公司提供）

金华两头乌猪农产品地理标志授权主体牌

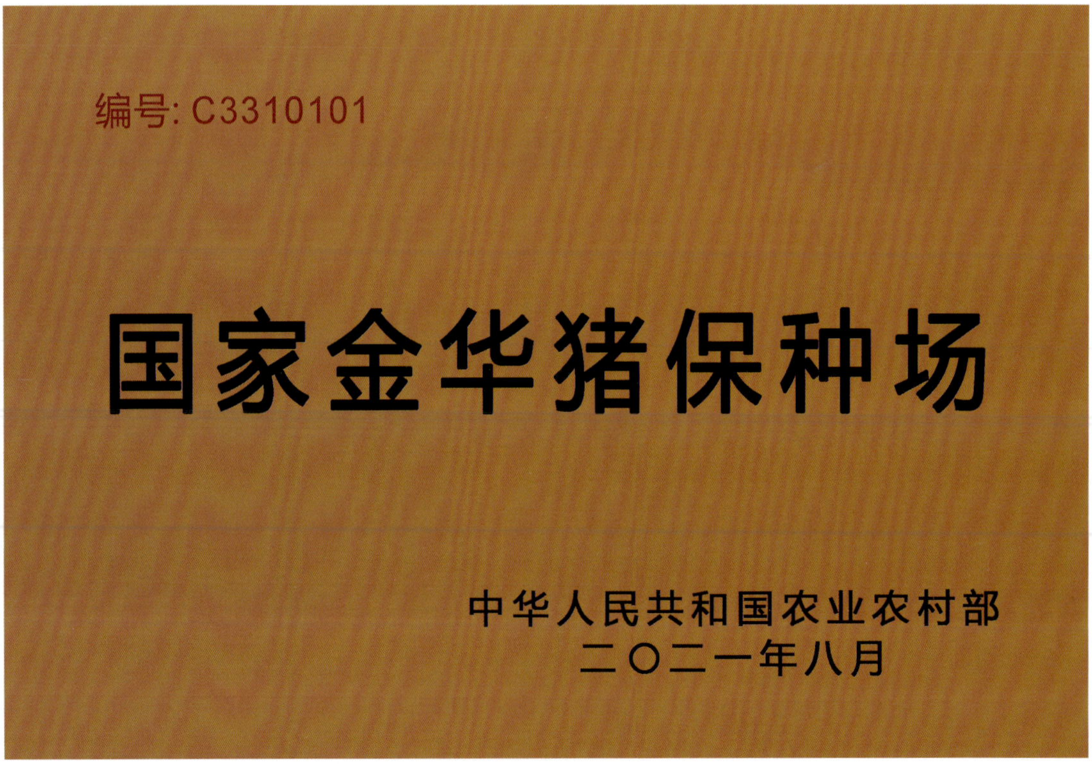

中华人民共和国农业农村部国家金华猪保种场（照片由浙江加华种猪有限公司提供）

省级畜禽遗传资源金华猪Ⅱ系保种场（照片由金华家农两头乌种猪场提供）

省级畜禽遗传资源金华猪Ⅲ系保种场（照片由东阳市农业农村局提供）

金华两头乌公猪（照片由浙江加华种猪有限公司提供）

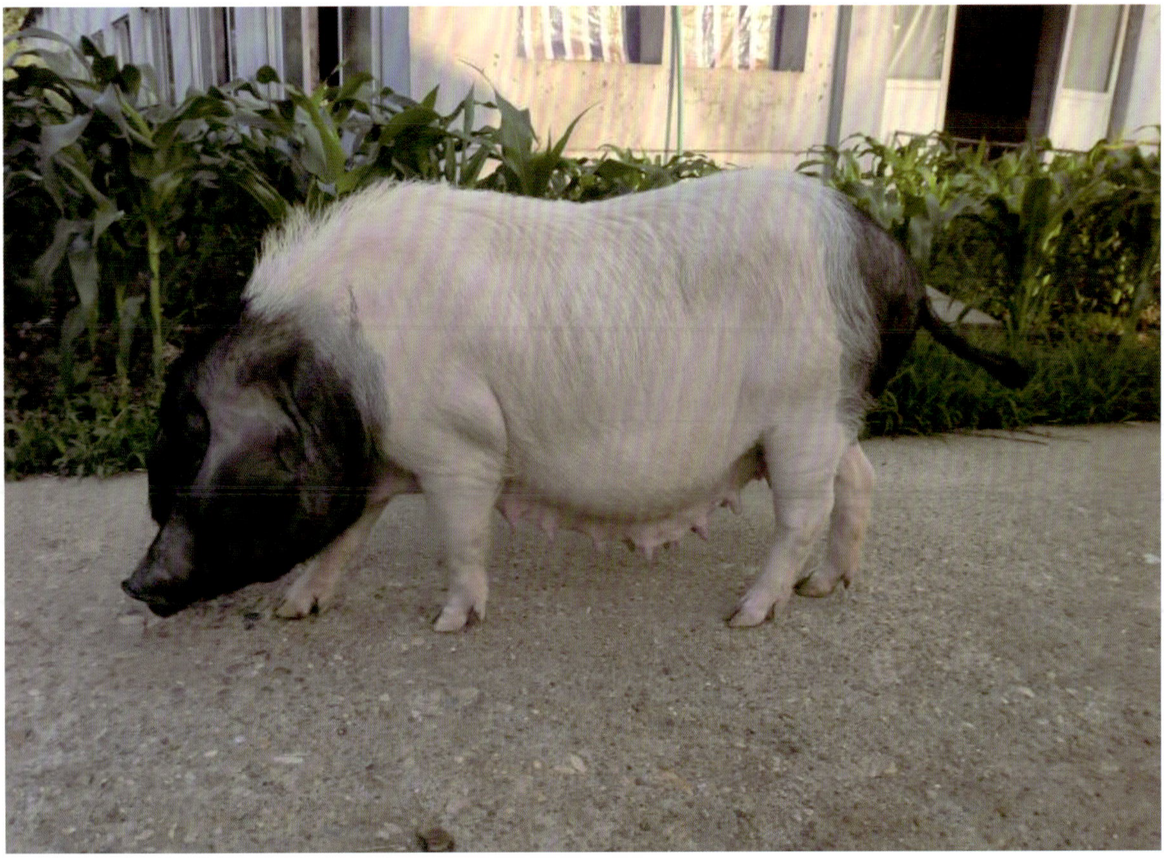

金华两头乌母猪（照片由浙江加华种猪有限公司提供）

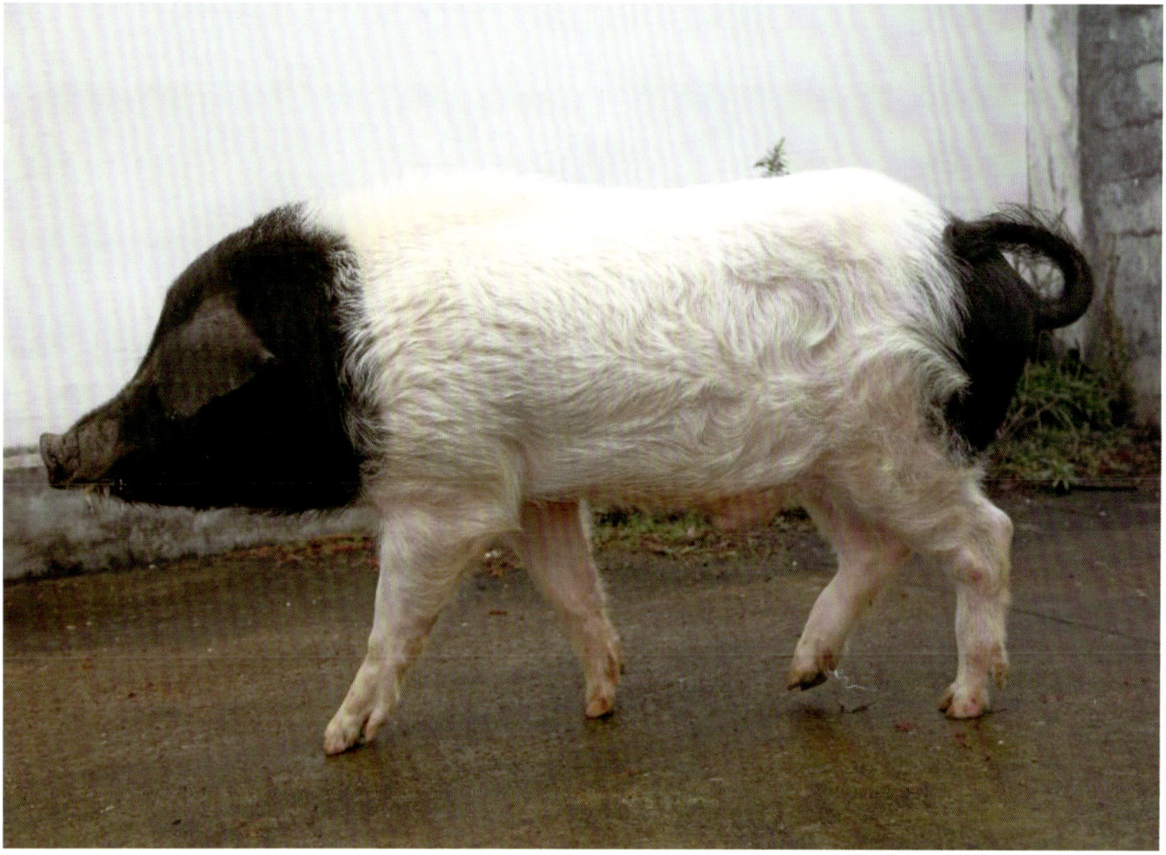

金华两头乌公猪（照片由金华家农两头乌种猪场提供）

金华两头乌母猪（照片由金华家农两头乌种猪场提供）

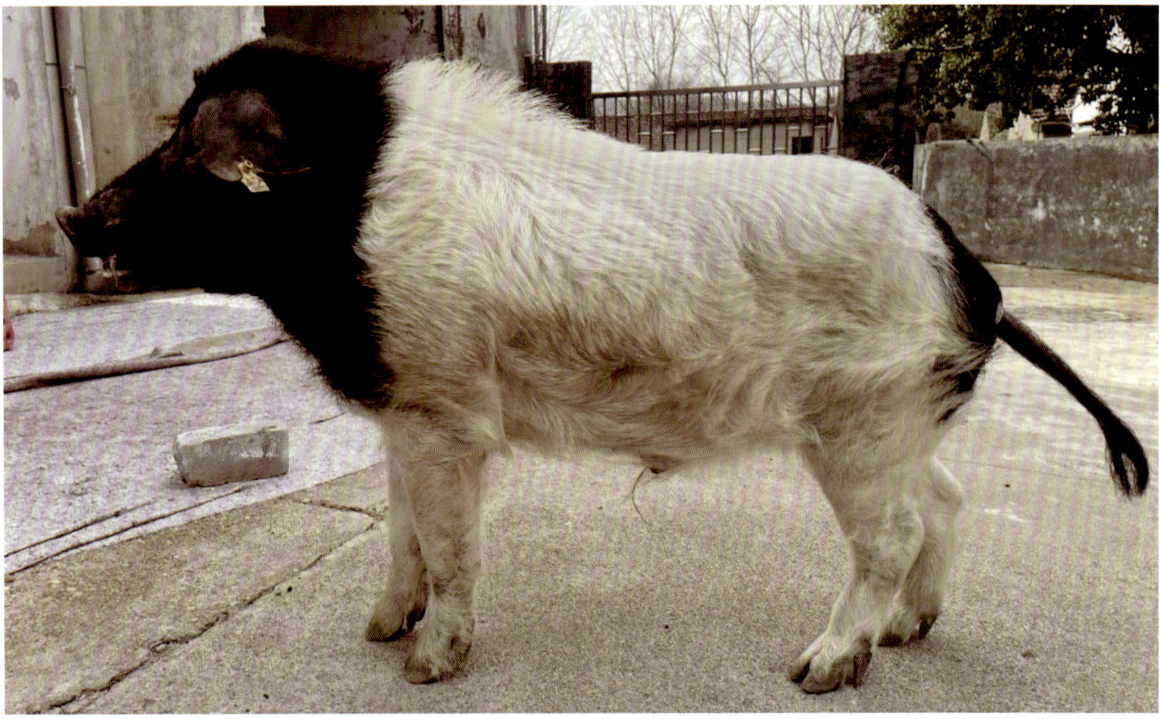

金华两头乌公猪（照片由东阳市农业农村局提供）

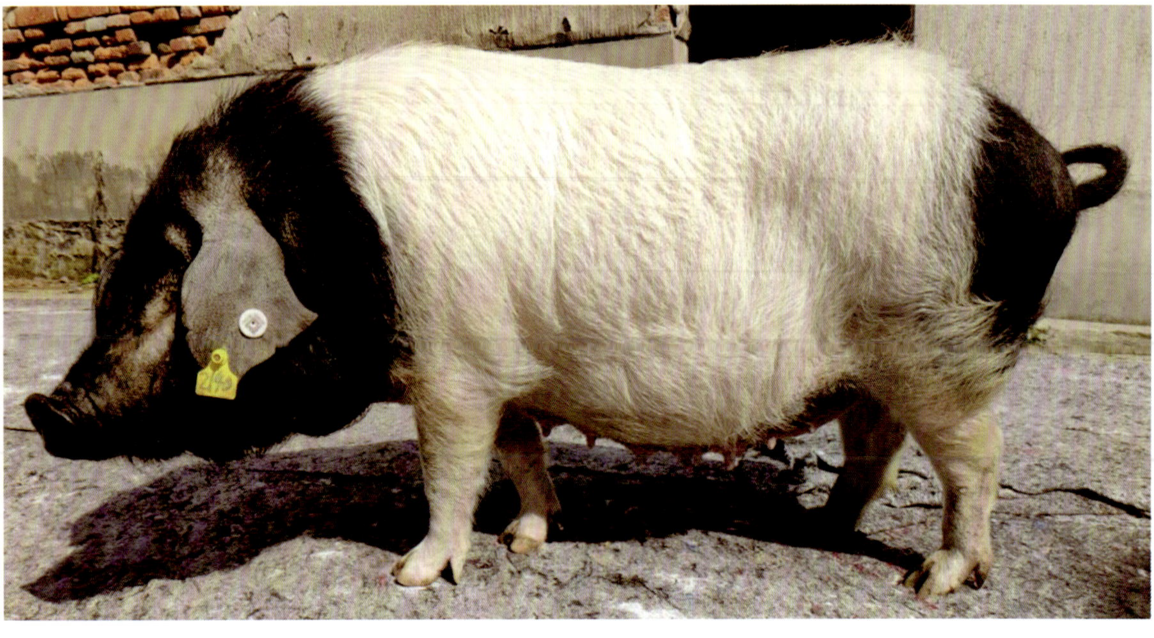

金华两头乌母猪（照片由东阳市农业农村局提供）

金华两头乌选育猪群（照片由浙江加华种猪有限公司提供）

金华两头乌选育猪群（照片由金华家农两头乌种猪场提供）

金华两头乌选育猪群（照片由东阳市农业农村局提供）

金华两头乌猪视频二维码（一）
（视频由浙江加华种猪有限公司提供）

金华两头乌猪视频二维码（二）
（视频由金华家农两头乌种猪场提供）

金华两头乌猪视频二维码（三）
（视频由东阳市农业农村局提供）

金华两头乌哺乳母猪和仔猪（项云拍摄）

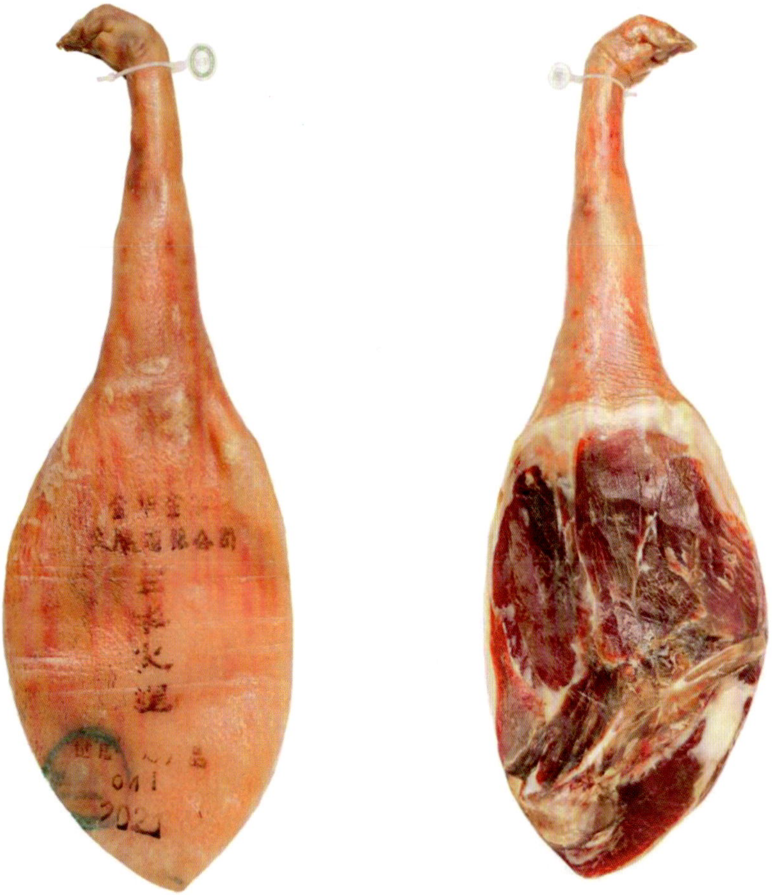

金华火腿（照片由金字火腿股份有限公司提供）

金华两头乌猪后腿上盐加工（项云拍摄）

晒火腿（照片由金字火腿股份有限公司提供）

金华火腿发酵车间（照片由浙江华统肉制品股份有限公司提供）

即食金华火腿（照片由金华火腿行业协会提供）

金华两头乌猪红烧肉（照片由浙江金华熊猫猪猪两头乌产业发展有限公司提供）

金华两头乌猪红烧肉（项云拍摄）

金华火腿切片（照片由金字火腿股份有限公司提供）

金华两头乌猪扣肉（照片由浙江金华熊猫猪猪两头乌产业发展有限公司提供）

农产品地理标志保护产品之金华两头乌猪

项　云　徐宁迎　章红兵　王新洁　翁晓星　主　编

中国农业大学出版社
·北京·

内 容 简 介

金华两头乌猪为金华猪主要代表品种之一，是我国著名的地方猪品种，具有皮薄骨细、肉质细嫩鲜美、繁殖力高、杂交优势强等优良特性，是金衢盆地先辈们经过1 700多年精心选育、培养出的肉脂型猪种，是制作金华火腿的原料。本书是一本关于中国农产品地理标志产品——金华两头乌猪的研究、保护和开发的专业性书籍，介绍了金华地理地貌、气象气候，金华两头乌猪和金华火腿的历史渊源，金华两头乌猪品种特征特性、种质资源评估、饲养管理、疾病控制、养殖装备设施与数字化、废弃物利用，金华两头乌猪产品开发与深加工和品牌建设等多个方面的内容。

本书对高等院校畜牧兽医、动物科学等专业师生、科研单位技术人员、养猪生产和肉类加工企业人员、商业人员以及众多爱好金华两头乌猪的读者，是一本极好的参考书，可开阔视野、拓展知识结构、探索科学。

图书在版编目(CIP)数据

农产品地理标志保护产品之金华两头乌猪 / 项云等主编. -- 北京：中国农业大学出版社，2023.12

ISBN 978-7-5655-3137-8

Ⅰ.①农… Ⅱ.①项… Ⅲ.①金华猪-介绍 Ⅳ.S828.8

中国国家版本馆CIP数据核字(2024)第012183号

书　　名　农产品地理标志保护产品之金华两头乌猪

作　　者　项　云　徐宁迎　章红兵　王新洁　翁晓星　主编

策划编辑　康昊婷　　**责任编辑**　康昊婷

封面设计　中通世奥图文设计

出版发行　中国农业大学出版社

社　　址　北京市海淀区圆明园西路2号　　**邮政编码**　100193

电　　话　发行部 010-62733489，1190　　编辑部 010-62732617，2618

出版部 010-62733440　　读者服务部 010-62732336

网　　址　http://www.caupress.cn　　**E-mail**　cbsszs@cau.edu.cn

经　　销　新华书店

印　　刷　涿州市星河印刷有限公司

版　　次　2024年2月第1版　　2024年2月第1次印刷

规　　格　185 mm×260 mm　　16开本　　14印张　　257千字

定　　价　258.00元

编写人员

主　编	项　云	徐宁迎	章红兵	王新洁	翁晓星
副主编	祝苏武	马晓钟	章啸君	楼芳芳	杜喜忠
	赵丽丽	朱一丹	胡旭进	项　奕	倪晓峰
编　者	马晓钟	王跃飞	王新洁	王　磊	卢超杭
	兰新财	朱一丹	华吉琦	华宏伟	华坚青
	朱建锡	吉洪湖	吴长金	吴南平	张尚法
	陈立平	阮　晖	杨梦飞	杜敏凤	陈　斌
	陈　斌	杜喜忠	张超颖	项　云	赵丽丽
	祝苏武	洪明军	项　奕	姚爱萍	徐宁迎
	秦　兴	倪国平	徐金晶	金佳瑶	徐海忠
	翁晓星	倪晓峰	徐　斐	胡旭进	屠平光
	章红兵	陶志伦	郭劲松	陶虹成	郭晓令
	章啸君	童一宁	焦建青	舒素芳	蒋黎莉
	楼芳芳				

编　　者（按姓名笔画顺序排列）

1　马晓钟　金字火腿股份有限公司
2　王跃飞　东阳市皇野生态农业有限公司
3　王新洁　金华职业技术学院
4　王　磊　金华职业技术学院
5　卢超杭　东阳市畜牧兽医中心
6　兰新财　浙江金大康动物保健品有限公司
7　朱一丹　金华市农业科学研究院（浙江省农业机械研究院）
8　华吉琦　浙江加华种猪有限公司
9　华宏伟　浙江省东阳市巍山高级中学
10　华坚青　浙江加华种猪有限公司
11　朱建锡　金华市农业科学研究院（浙江省农业机械研究院）
12　吉洪湖　金华市农业科学研究院（浙江省农业机械研究院）
13　吴长金　浙江大北农农牧科技有限公司
14　吴南平　东阳市畜牧兽医中心
15　张尚法　金华市农业科学研究院（浙江省农业机械研究院）
16　陈立平　浙江美保龙种猪育种有限公司
17　阮　晖　浙江大学生物系统工程与食品科学学院
18　杨梦飞　金华市农业科学研究院（浙江省农业机械研究院）
19　杜敏凤　东阳市畜牧兽医中心
20　陈　斌　金华市农业科学研究院（浙江省农业机械研究院）
21　陈　斌　浙江华统肉制品股份有限公司
22　杜喜忠　金华市农业科学研究院（浙江省农业机械研究院）

23 张超颖 金华职业技术学院
24 项　云 金华市农业科学研究院（浙江省农业机械研究院）
25 胡旭进 金华市农业科学研究院（浙江省农业机械研究院）
26 赵丽丽 浙江金大康动物保健品有限公司
27 祝苏武 金华市畜牧农机发展中心
28 洪明军 金华市婺城区九峰职业学校
29 项　奕 金华市中心医院
30 姚爱萍 金华市农业科学研究院（浙江省农业机械研究院）
31 徐宁迎 浙江大学动物科学学院
32 秦　兴 杭州电子科技大学
33 倪国平 金华市畜牧农机发展中心
34 徐金晶 金华市农业科学研究院（浙江省农业机械研究院）
35 金佳瑶 金华市金东区大堰河农牧场
36 徐海忠 东阳市良种推广中心
37 翁晓星 金华市农业科学研究院（浙江省农业机械研究院）
38 倪晓峰 金华市畜牧农机发展中心
39 徐　斐 金华市畜牧农机发展中心
40 屠平光 金华市农业科学研究院（浙江省农业机械研究院）
41 章红兵 金华职业技术学院
42 陶志伦 金华家农两头乌种猪场
43 郭劲松 东阳市畜牧兽医中心
44 陶虹成 金华家农两头乌种猪场
45 郭晓令 浙江大学动物科学学院
46 章啸君 金华市农业科学研究院（浙江省农业机械研究院）
47 童一宁 金华市农业科学研究院（浙江省农业机械研究院）
48 焦建青 中国农业电影电视中心
48 舒素芳 金华市气象局
50 蒋黎莉 金华市畜牧农机发展中心
51 楼芳芳 金华市农业科学研究院（浙江省农业机械研究院）

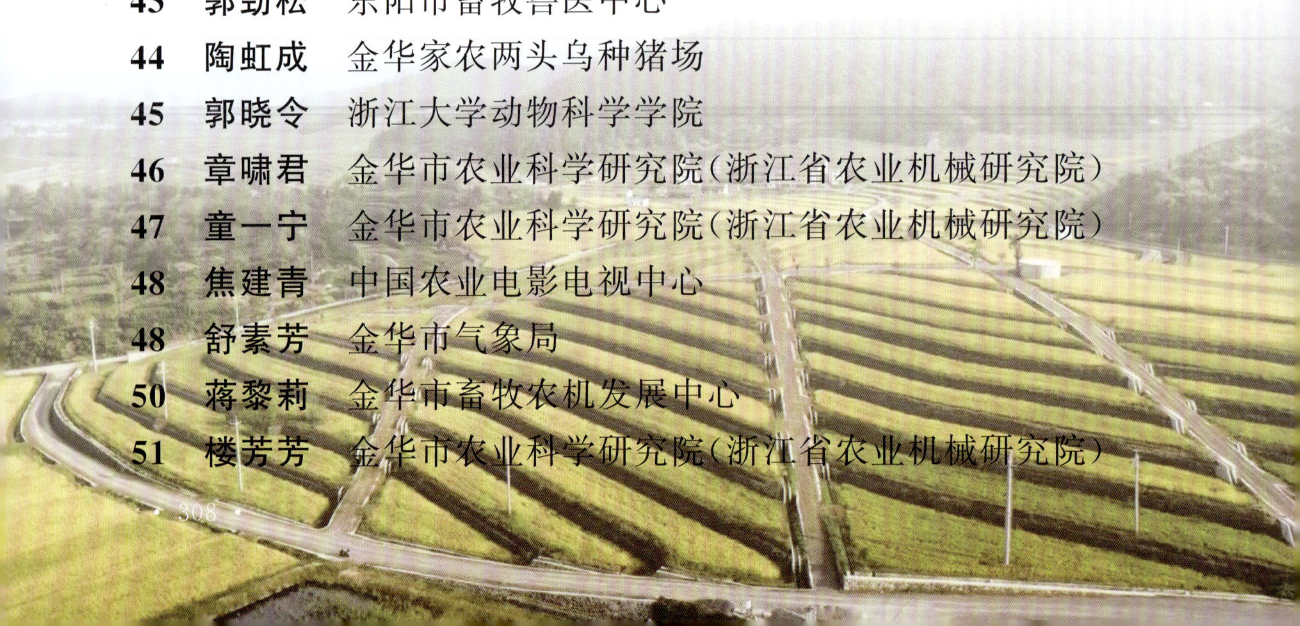

 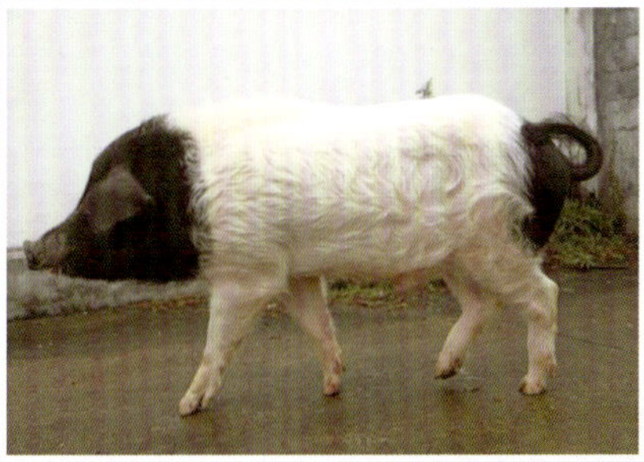

序 言

金华两头乌猪为金华猪的代表猪种，为中国著名的地方猪种之一，原产于浙江中部的金衢盆地，具有1 700多年的饲养历史，在特定的地理、气候、农业生产和社会条件下，经过祖先们长期独特的饲养管理，逐渐形成了金华两头乌猪这一优良地方猪种，有“中华熊猫猪”之美称。

金华两头乌猪具有皮薄骨细、肉质鲜嫩及耐粗饲、杂交优势强、抗逆性好、适应性强、早熟易肥、繁殖率高等优良特性。2006年6月金华猪被农业部列入首批《国家级畜禽遗传资源保护名录》，是国家重点保护的138个畜禽品种之一。2013年4月“金华两头乌猪”被农业部认定为农产品地理标志产品，2016年6月“金华两头乌猪”经国家工商总局注册为地理标志证明商标，2017年5月“金华两头乌猪”被认定为“首批中欧农产品地理标志互认产品”，2020年9月在正式签署的《中欧地理标志协定》中“金华两头乌猪”为唯一入选的猪肉类畜种。

金华两头乌猪为浙江省内规模最大、保种效果最明显、血统最多的地方猪种质资源，是金华市不可多得的宝贵财富。在外来猪种冲击下，金华两头乌猪饲养量一度下降，在中央和地方各级政府的支持下，近年来已形成金华两头乌猪良种繁育、规模饲养、产品加工、连锁经销、品牌经营等较为完整的产业链。本书主要介绍金华两头乌猪地理标志概况、品种特征特性及保种、种质资源遗传评估、全基因组重测序及染色体组装、饲养管理及主要疾病防控、养殖装备设施与数字化、产品开发及深加工、品牌建设等，内容丰富。本书的出版，不仅对金华两头乌猪品种选育、饲养管理等多方面有指导意义，同时对国内地方猪种遗传资源挖掘与产业化具有重要的参考价值，也将为满足市场高端猪肉需求、优化产业结构、促进农民增收等方面发挥更好的作用，值得一读。

中国科学院院士
中国农业大学教授 吴常信

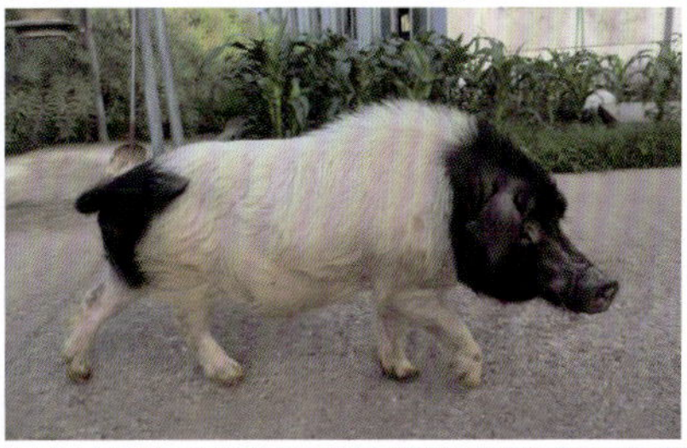

前　言

金华两头乌猪为金华猪主要代表品种之一，金华猪为金衢盆地饲养的本地猪品种，是我国著名的地方猪品种之一。1986 年金华猪被收入《中国猪品种志》48 个地方猪品种之一，2006 年金华猪被农业部列入《国家级畜禽遗传资源保护名录》138 个珍贵、稀有、濒危畜禽品种之一，2011 年金华猪被收入《中国畜禽遗传资源志・猪志》76 个地方猪品种之一。

根据 1952 年的《金华猪调查报告》可知，金华猪有金华两头乌猪、东阳猪、玉山猪（磐安县玉山镇）、义浦花猪、兰溪花猪、永康花猪、龙游乌猪、江山乌猪、浦江黑猪、小溪乌猪（缙云、永康、武义等地）等类型，这些类型是在金衢盆地独特的地理、气候、农业生产和社会条件下，经过长期的自然选择和饲养管理，逐渐形成的优良地方猪种，目前留存了金华两头乌猪、东阳猪（Ⅲ系）、兰溪花猪、龙游乌猪、江山乌猪等品种。通过近半个世纪的金华猪杂交利用，在生产上形成了一定群体数量的含金华猪血统的杂交母本，这些杂交母猪在金衢盆地独特的地理气候和生态环境下形成了具有肉质好、生长快、瘦肉率高、抗病力强的金衢盆地独特的优质猪群，这类猪群具有金华猪部分优良特性。

金华猪具有皮薄骨细、肉质细嫩鲜美、繁殖力高、杂交优势强等优良特性，是金衢盆地先辈们经过 1 700 多年精心选育、培养出来的肉脂型猪种，是制作著名金华火腿的原料。金华猪优良特性的形成，与当地传统制作“金华火腿”密切相关。根据相关历史考证和推断，金华民间火腿制作技艺距今已有 1 400 余年。近百年来，火腿制作技艺不断改进，火腿品质也随之提升，金华火腿曾荣获 1905 年德国莱比锡万国博览会金奖、1929 年西湖国际博览会特等奖等奖项。这在当时推动了金华猪选育和饲养技术的发展，金华猪生产性能和肉质特性的不断提高，也成就了如今独有的金衢盆地金华猪猪种。

金华两头乌猪这一珍贵的种质遗传资源一直以来受到各级政府部门高度重视。自 20 世纪以来，科技、农业、财政等各级政府部门投入大量资金用于科研、保种和生产，开展从品种、饲料、饲养、加工、销售等全产业链提升工作，取得了显著成效。国家及地方政府为保护金华两头乌猪这一珍贵地方猪种，设立了一个国家级和两个省级保种场，同时建立了多个市级保种场和备份场。

2013 年 4 月“金华两头乌猪”被农业部认定为农产品地理标志产品，2016 年 6 月“金华两头乌猪”经国家工商总局注册为地理标志证明商标，2017 年 5 月“金华两头乌猪”被认定为“首批中欧农产品地理标志互认产品”，2020 年 9 月在正式签署的《中欧地理标志协定》中，“金华两头乌猪”为唯一入选的猪肉类畜种。

为做好“金华两头乌猪”农产品地理标志产品保护工作，指导金华两头乌猪农产品地理标志产品的生产，同时为地方猪种种质资源保护与挖掘提供参考，在金华市农业科学研究院（浙江省农业机械研究院）和金华市畜牧农机发展中心指导下，由金华市农业科学研究院、浙江大学、金华职业技术学院、金华火腿行业协会等单位从事金华两头乌猪相关工作的专业人员组建编写组。编写组成员深入养殖场、档案馆、博物馆等部门进行了相关资料的查阅和考证，走访历史遗迹，收集老一辈专家关于金华两头乌猪的信息，获取了有价值的历史资料。

本书面向政府管理人员、养殖生产人员、科研人员、教师、学生、社会大众等，读者面广泛，编写人员以“科学性、实用性、科普性、趣味性”为原则，内容表达和描述兼顾各方要求，在选择内容和编写时做到“科学、客观、公正、有趣”。

本书经编写人员悉心筛选，汇编成册，知识涵盖面广，内容丰富，包括金华两头乌猪地理标志概况、品种特征特性及保种、种质资源遗传评估、全基因组重测序及染色体组装、饲养管理及主要疾病防控、养殖装备设施与数字化、产品开发及深加工、品牌建设等多个方面。本书科学性强，通俗易懂，广大读者在闲暇之余，抚卷在手，对开阔视野、拓展知识结构、探索科学等大有裨益。

希望本书的出版能够推动金华两头乌猪农产品地理标志产品保护再上一个新台阶，对金华火腿地理标志产品推广起到积极的推动作用，并促进生猪产业转型升级，提升城市知名度和影响力。

由于编者时间仓促和水平所限，本书内容难免存在疏漏和不足之处，敬请广大读者批评指正！

本书仅提供金华两头乌猪农产品地理标志产品的推荐性资料。

编　者

2023 年 6 月

目 录

第一章

金华两头乌猪农产品地理标志概况

第一节　金华地理生态环境与金华两头乌猪品种的形成

金华历史悠久，自秦王政二十五年(公元前 222 年)建县，因其地处金星与婺女两星争华之处而得名金华，简称金，古称婺州；古时金华府领金华、兰溪、东阳、义乌、永康、武义、浦江、汤溪八县，故有“八婺”之称，现为浙江省辖地级市，包括义乌市、兰溪市、永康市、东阳市 4 个县级市以及武义县、浦江县、磐安县 3 个县，设婺城区、金东区 2 个市辖区。金华享有国家级历史文化名城、中国十佳宜居城市的美誉。自古以来在金华全域均有悠久的金华猪养殖历史，金华两头乌猪为金华猪类型之一，是著名的地方优质猪种。

一、地理地貌

金华位于浙江省中部，介于东经 119°14′00″～120°46′30″，北纬 28°32′00″～29°41′00″，南北跨度 129 km，东西跨度 151 km，东邻台州，南毗丽水，西连衢州，北接绍兴、杭州，地处金衢盆地东段，为丘陵盆地地区，地势南北高、中部低。“三面环山夹一川，盆地错落涵三江”是金华地貌的基本特征。(图 1-1、图 1-2)

图 1-1　金衢盆地海拔 800 m 左右的群山

(照片由项云、王新洁提供)

在东方和东北方向有大盘山、会稽山，南方为仙霞岭，北方和西北方向接龙门山及千里岗山脉。主要的河流有东阳江，自东方向西方流经东阳、义乌、金东区，再汇合武义江而成金华江，向北流入兰溪城区，汇入兰江。兰江向北流入建德市境内。

金华市境内千米以上的山峰有208座。位于武义与遂昌交界处的牛头山主峰，海拔1 560.2 m，为金华市最高峰。境内山地以500～1 000 m低山为主，分布在南北两侧。

在过去交通极不发达的条件下，为金华两头乌猪形成了一个天然的“封闭”选育环境，使其优良性状逐步稳定和纯化。

图1-2　金衢盆地黄土丘陵农田

（照片由翁晓星提供）

二、气候条件

金华气候属亚热带季风气候，四季分明，年温适中，热量丰富，雨量充沛，干湿两季明显，年度总的光、热、水条件优越，但时空分布不均匀。盆地小气候多样，有一定垂直差异。这样的气候条件适宜发展以金华两头乌猪为主的畜牧业，也是形成金华两头乌猪具有皮薄骨细、肉质细嫩鲜美等特点的重要影响因素。

金华市年平均气温18.3 ℃，无霜期273 d，年降水量1 512.6 mm，年平均相对湿度72%，年日照时数1 759.6 h，≥0 ℃年有效积温6 705.3 ℃，≥10 ℃年有效积温3 371.0 ℃（表1-1）。年平均气温在20世纪80年代后期起呈明显上升趋势，年内逐月平均气温呈单峰型，7月份月平均气温最高，1月份月平均气温最低。年降水量较为充沛，但雨量的季节变化和年际变化、地域差异都很大。季节降水量分布呈单峰型，具有春雨多、梅雨量

表 1-1　2020—2022 年金华市区气温、降水量、相对湿度情况

指标	全年	1 月份	2 月份	3 月份	4 月份	5 月份	6 月份	7 月份	8 月份	9 月份	10 月份	11 月份	12 月份
平均气温/℃													
2022 年	19.4	7.5	5.9	15.8	19.1	20.8	26.5	32.9	33.4	26.5	20.0	17.4	6.8
2021 年	19.7	7.4	12.7	14.3	18.7	24.0	26.8	29.7	29.1	28.6	21.3	14.3	9.5
2020 年	19.4	8.5	11.1	14.3	17.5	24.7	27.5	29.1	31.3	24.1	19.9	16.2	8.4
常年	18.3	6.0	8.2	12.2	18.1	22.9	25.6	29.8	29.3	25.2	20.0	14.2	8.2
极端最高气温/℃													
2022 年	42.0	16.8	24.6	31.9	33.5	32.0	37.5	41.3	42.0	36.7	39.0	31.5	15.2
2021 年	38.4	24.2	26.2	28.8	32.5	35.8	36.8	38.4	37.0	37.5	36.0	24.1	20.5
2020 年	38.6	25.6	27.4	28.9	32.8	36.6	37.8	37.5	38.6	35.8	31.4	31.7	18.0
常年	41.5	25.7	29.4	34.8	34.5	38.4	38.0	41.1	41.5	39.6	36.6	31.8	26.1
极端最低气温/℃													
2022 年	−1.9	−0.1	−0.3	4.8	7.3	12.7	19.7	24.7	25.0	18.7	10.8	3.2	−1.9
2021 年	−4.2	−4.2	3.4	6.0	10.2	17.1	18.0	24.0	24.0	22.0	11.1	3.9	0.5
2020 年	−4.0	1.2	0.7	5.8	7.8	17.4	21.2	23.9	23.7	16.9	12.0	7.5	−4.0
常年	−7.3	−7.3	−3.7	−1.4	2.6	10.0	15.6	17.5	19.0	14.7	6.3	−1.1	−5.7
降水量/mm													
2022 年	1 300.3	81.2	133.9	184.1	108.8	180.7	348.5	32.9	37.5	6.2	22.0	97.9	66.6
2021 年	1 535.4	15.0	69.5	206.5	104.9	270.2	249.9	256.5	152.7	60.9	44.4	79.8	25.1
2020 年	1 608.5	161.7	74.0	215.8	81.2	236.8	386.8	181.9	31.8	172.9	16.4	27.4	21.8
常年	1 512.6	83.7	89.9	160.6	157.0	179.4	289.9	149.9	129.9	84.9	49.6	72.4	65.4
平均相对湿度/%													
2022 年	69	77	80	75	64	74	73	60	56	62	63	77	68
2021 年	71	62	71	79	69	73	77	73	75	66	72	73	65
2020 年	72	80	72	74	60	72	81	78	63	76	69	71	70
常年	72	74	73	72	71	71	77	69	70	73	70	73	72

大、易有涝灾和夏秋冬雨量少常有干旱特征。金衢盆地特定的地理气候形成了金华两头乌猪独特的品种特征特性，同时为猪肉的深加工如传统加工金华火腿提供了有利的条件。

三、地质与农业生产条件

金衢盆地土质酸瘦，以泥沙土、黄筋土、红黏土和紫砂土为主。在高丘山地则有泥灰土、红土及部分高山香灰土等。由于土地贫瘠，发展农业生产需要有足够的肥料，故农家历来以“养猪积肥，以粪肥田”来改良土壤，这又是产区养猪业发达的重要因素。过去流传“养猪不赚钱，回头望望田”的农谚，证明早已形成一个“以粮（草）养猪，以猪积肥，以粪肥田”的农牧结合的良性生态循环的格局。

金华市域内的江河分别属于钱塘江、瓯江和椒江三大水系，以上三大水系江河流域面积分别为 9 711.7 km^2、885.2 km^2 和 345 km^2，分别占金华市全市江河总面积的 88.76％、8.09％、3.15％。金华市域内集水面积在 100 km^2 以上的江溪有 40 多条。

目前金华全市有耕地 148 121.21 hm^2，水田 117 120.86 hm^2，旱地 31 000.35 hm^2。

早年在河谷平原以水田为主，主产稻、麦、豆、棉；在低丘缓坡地带的旱地，盛产麦、豆、玉米、甘薯等杂粮。耕作制度一年三熟制，水田地区为春花（绿肥、春粮）—早、中稻—秋杂粮；旱地多为春粮—豆类—秋杂粮（现称老三熟制）。这种三熟制不仅可减少旱季的用水量，较适宜当地气候条件，而且所产春粮和秋粮适用作养猪饲料。农副产品也较丰富，特别是用马料豆（又称黑豆、乌豆）、大麦和胡萝卜等原料养猪。金衢盆地农业生产特点也与养猪生产需要大量优质青饲料相匹配，不仅有利于金华两头乌猪的生长发育，且促使其形成肉质细嫩鲜美的特性。因而，农村流传“养猪不分黑白，只要乌豆大麦”的农谚。

历史上金衢盆地拥有丰富的黑豆和胡萝卜等农作物资源，因此“黑豆＋胡萝卜”饲喂模式确保了金华两头乌猪的优良品质。

四、金华两头乌猪养殖发展

历史上在金衢盆地及周边区域，人多地少，劳力充裕，土地贫瘠，农民需要畜禽养殖积肥来提高农作物产量和增加家庭经济收入。金衢盆地及周边区域养殖主要畜禽种类有猪、牛、羊、兔、鸡、鸭、鹅、蜂等，金华两头乌猪、兰溪花猪、永康灰鹅、金华白山羊和金华土鸡等为地方优质品种。主要经济鱼类有青鱼、鲤鱼、草鱼、鲢鱼、鳙鱼等 30 多种。此外还有甲鱼、河蟹、河蚌、螺等水生动物，并引进国外的杜洛克猪、大约克猪、长白猪、伊沙鸡、加州鲈鱼、非洲鸵鸟、鹧鸪等优良畜禽品种。

良好的生态环境使猪饲料资源丰富，为发展金华两头乌猪创造了良好的条件，养猪数量逐渐增加，出现当地鲜肉自销有余的情况。早年由于产区山丘连绵，交通不便，远销十分困难，迫使农民寻找加工腌制猪肉、猪腿以便贮藏和远销外地的新途径，促进金华火腿加工业的兴起与发展，推动当地的猪种改良。

制作优质火腿，需要选用优质猪种作为原料，要求皮薄骨细、后肢稍高、肉质细嫩、肥瘦适度。每年立冬前后各家作坊或火腿加工厂竞相高价收购合格鲜腿作为加工优质火腿的原料，促使当地农民把皮薄骨细、肉质鲜美等性状作为选种的重要指标，这也是形成优质金华两头乌猪的重要因素。

当地气候湿润，饲料资源丰富，农民习惯于以大麦、黑豆、胡萝卜等优质饲料喂猪。黑豆是优质的高蛋白饲料，有利于肌肉生长发育，可使脂肪坚实洁白。胡萝卜是一种多汁饲料，富含维生素 A 原、可消化纤维等多种营养物质，促使金华两头乌猪皮薄骨细、肥瘦适度、肉质鲜美等性状的形成。

第二节　金华两头乌猪类型分类及史料记载

一、类型分类

金华猪为金衢盆地饲养的本地猪品种及其杂交猪，金华两头乌猪为金华猪品种类型之一。1951 年，在华东军政委员会农林水利部的领导下，浙江省农林厅组织专家和学生，对金华地区 14 个县开展了历时 45 d 的金华猪调查，于 1952 年 8 月形成《金华猪产业调查总结报告》初稿。根据调查报告可知，当时调查了 10 个类型的金华猪，分别为：金华两头乌（义乌、金华、东阳，并延及旧金华各县）（图 1-3 至图 1-6）、东阳猪（东阳、磐安中部、义乌东部、永康一部分等地）、玉山猪（东阳东部巍山、佐村、三单等乡镇和磐安玉山镇等地）、义浦花猪（义乌北部及浦江东部等地）、兰溪花猪（兰溪、汤溪、龙游西部、寿昌一部分，并延及金华、浦江西南部）、永康花猪（永康、缙云、武义等地）、龙游乌（龙游、衢县东部

图 1-3　金华两头乌猪

北部，并延及汤溪、兰溪、金华、义乌、寿昌一部分）、江山乌（江山、衢县南部西部一带）、浦江黑猪（浦江中南部等地）和小溪乌猪（缙云、永康、武义，并延及金华等地）。

图 1-4a　金华两头乌猪（Ⅰ系）（公猪）

图 1-4b　金华两头乌猪（Ⅰ系）（母猪）

图 1-5a　金华两头乌猪（Ⅱ系）（公猪）

图 1-5b　金华两头乌猪（Ⅱ系）（母猪）

图 1-6a　金华两头乌猪（Ⅲ系）（公猪）

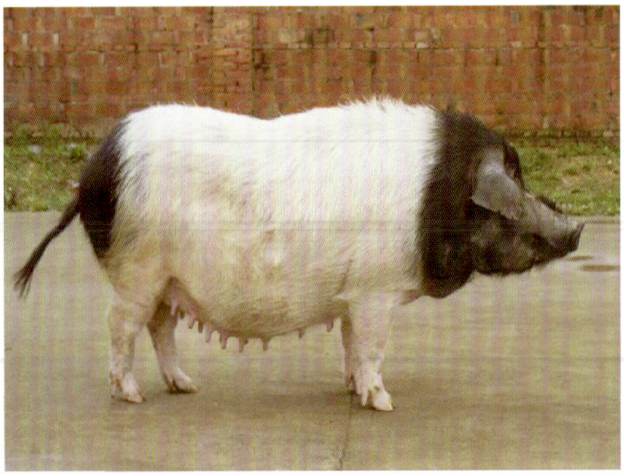

图 1-6b　金华两头乌猪（Ⅲ系）（母猪）

（图 1-3 至图 1-6 照片由金华市畜牧农机发展中心提供）

二、“金华猪”名称相关史料佐证

在1935年12月梁达新发表在《浙江畜牧》(创刊号)(1933年7月成立浙江省立实验农业学校畜牧科出版委员会)上的论文《金华猪之研究》中，拟定了“金华猪的鉴定标准”，其中毛色评分指的是头尾全黑色，说明该标准的金华猪指的是金华两头乌猪。

在其他早期文献中也可找到“金华猪”这一名称，在成书于乾隆三十年(1765年)的《本草纲目拾遗》中已经提到，如常中丞笔记：“兰熏，金华猪腿也”，陈瑶藏药秘诀：“凡收火腿，须择冬腌金华猪后腿为上”。

华柯(华宏伟)老师对明代吴宽《王成宪席上赋火肉》诗进行分析，诗云：“竹烟冉冉暗中浮，佳味谁将制法求？熊掌不劳重宴客，羊头何用亦封侯。黑臀髣髴逢公子，白蹢分明出婺州。饱后厨人还细聂，一盘红玉荐新篘。”晋文公之子晋成公，姬姓，名黑臀，人称黑臀公子，诗中的“黑臀”是指火腿臀部是黑的，因“黑臀”古典中特指“黑臀公子”，所以就有了“黑臀髣髴逢公子”的诗句。“蹢”读音为dí，意为兽蹄，此明确指出猪蹄为白色，当时王成宪只见到了火腿的外观，没见到整只的猪，因此就有了“白蹄分明出婺州”诗句，由此可以推断，王成宪看到的是出自婺州黑臀白蹄的火腿，而“婺州”即为金华，这表明当时的金华火腿由具有两头乌毛色的婺州地方猪的后腿加工而成。据史料记载，王成宪出生于公元1442年，《王成宪席上赋火肉》在成化二十二年(公元1486年)前成诗。由此可知，早在500多年前，这一具有两头乌毛色的金华猪猪种就已形成。

三、金华猪相关出土文物

为了探索金华猪形成历史，2021—2022年本书编写组成员走访、考察和联系了金华市档案馆、金华市博物馆、婺城区古方村、浦江上山文化博物馆、东阳市博物馆、武义县博物馆、义乌市博物馆等地，收集了金衢盆地有关猪信息的出土文物的实物和照片，查阅相关资料，在编写组及有关部门努力下，获得了一些金华两头乌猪形成的历史资料。

《越绝书》卷八有“鸡山、豕山者，勾践以畜鸡豕”的记载，越国已进行规模化养猪，有专门的养猪人员，也有“豕山”这样大型的养殖场所。金华时属越国，已有相当的养猪规模。

根据金衢盆地考古出土的西晋(公元265—316年)陶猪、陶猪圈(图1-7)，以及东阳出土的宋代婺州窑青釉堆塑动物瓷魂瓶等文物考证，早在1 700年前，金衢盆地区域养猪业已相当发达。

四、金华两头乌猪产区及分布

金华两头乌猪的中心产区分布在金衢盆地金东、婺城、义乌、东阳、浦江、磐安、永康、

图 1-7　金衢盆地考古出土的西晋(公元 265—316 年)陶猪、陶猪圈

(照片由浙江金华熊猫猪猪两头乌产业发展有限公司提供)

武义等地区，猪种优良特性为养猪从业者和消费者所喜爱，分布范围已扩大至省内外。除中心产区外，浙江省下辖的其余 11 个地级市的几十个县(市、区)均有金华两头乌猪分布。目前，已被引入北京、辽宁、内蒙古、山东、福建、云南、江西、四川、西藏、新疆等省、自治区、直辖市，此外，德国、法国、日本、泰国、加拿大均有引进(图 1-8、图 1-9)。

图 1-8　国际交流作为国礼赠送给法国(1979 年中华人民共和国农业部畜牧总局副局长韩一均与法国驻华大使馆科技参赞高培尔分别代表中华人民共和国农业部和法国大使馆进行金华猪等猪种交接仪式)

(图片由金华市畜牧农机发展中心提供)

图 1-9 金华两头乌猪后裔，德国两头乌——施韦比施哈尔猪(Swabian Hall pig)

(照片由金华市畜牧农机发展中心提供)

第二节 金华两头乌猪农产品地理标志保护情况

2013 年 4 月，“金华两头乌猪”被农业部认定为农产品地理标志产品。

2015 年 10 月，“金华两头乌猪”从全国 1 700 余家农产品地理标志产品中脱颖而出，获评“全国首批国家级农产品地理标志示范样板”。

2016 年 6 月，“金华两头乌猪”被国家工商总局认定为地理标志证明商标。

2017 年 5 月，“金华两头乌猪”被认定为“首批中欧农产品地理标志互认产品”。

2020 年 9 月，在正式签署的《中欧地理标志协定》中，“金华两头乌猪”为唯一入选的猪肉类畜种。

自从“金华两头乌猪”被认定为农产品地理标志产品，推行“地理标志＋企业品牌”发展以来，金华市重点打造金华两头乌猪地理标志区域公共品牌，形成了“熊猫猪猪”“金字火腿”“伟丰”“家农”“金猪府”“仙桥牧场”“珍其源”“越江南”“雪舫蒋”“金贸★帕尔”等众多知名企业品牌。在杭州、上海、北京等地开设金华两头乌猪及金华火腿特色菜品体验馆、产品专卖店、线上销售平台，推动金华两头乌猪产品从金华走出浙江、走向全国。(图 1-10 至图 1-15)

图 1-10　农产品地理标志证书、商标注册证

图 1-11　金华两头乌猪地理标志证明商标

图 1-12　金华火腿地理标志

（图片由金华火腿行业协会提供）

图 1-13　金华火腿获 1905 年德国莱比锡万国博览会金奖

（图片由金华市畜牧农机发展中心提供）

图 1-14　金华火腿获 1929 年西湖国际博览会特等奖

（图片由金华市畜牧农机发展中心提供）

中华人民共和国政府与欧洲联盟

地理标志保护与合作协定

CN/EU/zh 1

中华人民共和国政府与欧洲联盟地理标志保护与合作协定

协定双方（以下简称为“双方”）：

中华人民共和国政府，

以及

欧洲联盟，

鉴于双方同意就《与贸易有关的知识产权协定（TRIPS）》第二十二条第一款定义的地理标志促进双方之间的协调合作和发展，同意促进原产自双方领土并带有此类地理标志的产品的贸易：

特缔结本协定：

CN/EU/zh 2

	在中华人民共和国注册的名称	拉丁字母音译	产品类别	拉丁字母意译（供参考）
72	东港大黄蚬	Donggang Da Huang Xian	新鲜鱼类、软体动物、甲壳类动物及其衍生产品—贻贝	Donggang Surf Clam
73	东宁黑木耳	Dongning Hei Mu Er	新鲜或加工水果、蔬菜和谷物—蘑菇	Dongning Black Fungus
74	南京盐水鸭	Nanjing Yan Shui Ya	肉制品（烹制、腌制、熏制等）—鸭肉	Nanjing Salted Duck
75	千岛银珍	Qiandao Yin Zhen	《条约》附录 1 的其他产品（香料等）—茶	Qiandao Rare Tea
76	泰顺三杯香茶	Taishun San Bei Xiang Cha	《条约》附录 1 的其他产品（香料等）—茶	Taishun Three Cups of Incense Tea
77	金华两头乌猪	Jinhua Liang Tou Wu Zhu	鲜肉（及动物内脏）—猪肉	Jinhua Pig
78	罗源秀珍菇	Luoyuan Xiu Zhen Gu	新鲜或加工水果、蔬菜和谷物—蘑菇	Luoyuan *Pleurotus* Geesteranus
79	桐江鲈鱼	Tongjiang Lu Yu	新鲜鱼类、软体动物、甲壳类动物及其衍生产品—鱼	Tongjiang Bass

CN/EU/附录三/zh 11

	在中华人民共和国注册的名称	拉丁字母音译	产品类别	拉丁字母意译（供参考）
83.	盱眙龙虾	Xuyi Long Xia	新鲜鱼类、软体动物、甲壳类动物及其衍生产品—小龙虾	Xuyi Crayfish
84.	洋河大曲	Yanghe Da Qu	烈酒	Yanghe Daqu Liquor
85.	舟山三疣梭子蟹	Zhoushan San You Suo Zi Xie	新鲜鱼类、软体动物、甲壳类动物及其衍生产品—梭子蟹	Zhoushan Portunus Trituberculatus
86.	舟山带鱼	Zhou Shan Dai Yu	新鲜鱼类、软体动物、甲壳类动物及其衍生产品—带鱼	Zhoushan Hairtail
87.	金华火腿	Jinhua Huo Tui	肉制品（烹制、腌制、熏制等）—火腿	Jinhua Ham
88.	文成粉丝	Wencheng Fen Si	新鲜或加工水果、蔬菜和谷物—粉丝	Wencheng Vermicelli
89.	常山胡柚	Changshan Hu You	新鲜或加工水果、蔬菜和谷物—柚子	Changshan Pomelo

CN/EU/附录五/zh 12

图 1-15　金华两头乌猪与金华火腿入选《中欧地理标志协定》文件

（图片由金华火腿行业协会提供）

为讲好地理标志品牌故事，打造牧旅融合、文创基地，有关企业采取“养殖＋餐饮＋主题乐园”模式，大力发展标准化、规模化、绿色化“牧旅融合”模式，投资近2亿元，建成“中华熊猫猪猪乐园”；利用微博、微信、抖音、直播平台等新媒体传播平台，策划一系列金华两头乌猪的短视频、纪录片、美食推送、养殖过程直播等活动；以金华两头乌猪博览馆为平台，挖掘金华两头乌猪历史、经典故事和文化底蕴，讲好金华两头乌故事，宣传金华两头乌地方文化；同时，由金华市人民政府投资建设的金华火腿非物质文化遗产展示馆也于2019年9月23日正式开馆，举办金华两头乌猪“选秀”活动，组织征文、摄影、歌曲、影视作品等创作征集，扩大社会影响，强化文化认同。

开展品牌文化建设。通过传统媒体渠道，对金华两头乌猪开展品牌文化宣传；举办厨艺大赛，介绍金华两头乌猪饮食文化；参加展会，将金华两头乌猪地理标志农产品推向全国。

通过多年建设，金华两头乌猪品牌价值，进一步提升。2020年“金华两头乌猪”入选《中欧地理标志协定》，是唯一入选的猪类畜种；2018年“金华两头乌猪”位列“区域农业形象品牌·畜牧”第七位；2017年被认定为“2017中国百强农产品区域公共品牌”；2016年金华两头乌猪肉入选为G20杭州峰会晚宴特供食材。

第四节　金华火腿历史考证

金华火腿协会会长马晓钟对金华火腿进行了全面、细致的考证和论述，认为金华火腿历史还应往前推，至少应有1 400年历史，依据如下。

第一，依据金华地区历史沿革表(表1-2)，南朝陈天嘉三年(公元562年)，现金华大市区域首次被命名为“金华郡”，取其“地处金星与婺女两星争华之处”之意，郡治设长山县(即今金华城区)。隋开皇十三年(公元593年)废金华郡改称婺州，以后隋唐朝代，现金华大市区域或称婺州，或改称东阳郡，再未称作金华郡，直到元至正廿年(公元1360年)由明太祖朱元璋改名为金华府，只有郡(州)治所在的长山县在隋开皇十八年(公元598年)改称金华县，一直延续到公元2000年撤县设婺城区、金东区。从表1-2可以看出，记载“火骽，产金华者佳”的陈藏器写作的年代，金华郡已改称婺州近150年，那他为什么不写“火骽，产婺州者佳”呢？只有两种可能：一是金华火腿早在南朝陈天嘉年间金华被称作“金华郡”时已非常有名。二是“火骽，产金华者佳”中的金华是指金华县，那么到底指哪一种呢？笔者认为应该是前者。首先因为古代信息极不发达，一个地方品牌形成基本靠的是民间的口口相传，需要漫长的时间积累，能让一个外地文人在书中写下“火骽，产金华者佳”的文字，说明当时金华火腿经过漫长时间的积累，已非常有名了。所以金华火腿的历史和成名应远远早于陈藏器著书的唐开元年间。再者由现金华大市区域的历史行政沿革变化可以看出，金华地区的开发及经济发展是一个由东部向西部逐渐发展的过程：秦汉时期先有乌伤县（现义乌、金东、婺城、永康一带）归会稽郡（现绍兴）管辖，汉献帝初平三年（公元 192 年）乌伤县南乡之地设长山县（现金华城区），吴宝鼎元年（公元 266 年）分会稽郡设东阳郡，郡治设长山县。时至今日，金华乃至浙江的经济依然延续这一格局，东部较西部发达。所以很难想象隋唐时代金华县火腿加工业发达，知名度很高，而经济优于它的东部县如乌伤（义乌）、吴宁（东阳）火腿加工业反不如它（东阳、义乌至今仍是金华火腿主产区）。所以陈藏器“火骽，产金华者佳”中的金华应该是指“金华郡”，而金华火腿历史也应该有 1 450 年以上。

第二，根据金华地区考古发现的西晋（公元 265—316 年）陶猪与陶猪圈文物考证，金华地区养猪业至少有 1 700 年历史，而且相当发达，这也印证了对金华火腿历史的推论。退而求其次，即便陈藏器“火骽，产金华者佳”中的金华指的是金华县，从隋开皇十八年（公元 598 年）长山县改称金华县算起，金华火腿历史也有 1 400 年以上了。

综上所述，金华火腿的历史至少有 1 400 年的论断是可靠的。因此，金华火腿历史可以表述为：公元 6 世纪南北朝时期已负盛名，公元 8 世纪唐开元年间已有确切文字记载，至今已有 1 400 多年历史。

表 1-2　金华地区历史沿革

年代	现金华大市区域	现婺城、金东区域
春秋	越国	越国
秦汉	乌伤县（归会稽郡管辖）	乌伤县
汉献帝初平三年（公元 192 年）	会稽郡	长山县
吴宝鼎元年（公元 266 年）	东阳郡（治长山县）	长山县
南朝梁绍泰二年（公元 556 年）	缙州	长山县
南朝陈天嘉三年（公元 562 年）	金华郡（治长山县）	长山县
隋开皇十三年（公元 593 元）	婺州（治长山县）	长山县
隋开皇十八年（公元 598 年）	婺州（治金华县）	吴宁县
隋大业三年（公元 607 年）	东阳郡（治金华县）	金华县
唐武德四年（公元 621 年）	婺州（治金华县）	金华县
唐天宝元年（公元 742 年）	东阳郡（治金华县）	金华县
唐乾元元年（公元 758 年）	婺州（治金华县）	金华县

续表 1-2

年代	现金华大市区域	现婺城、金东区域
元至元十三年(公元 1276 年)	婺州路(治金华县)	金华县
元至正十八年(公元 1358 年)	宁越府(治金华县)	金华县
元至正廿年(公元 1360 年)	金华府(治金华县)	金华县

注:①唐武则天垂拱年间,金华县短期改称为金山县;②从明朝开始,金华地名基本稳定。

第二章

金华两头乌猪品种特征特性及保种

第一节　金华两头乌猪主要特点

金华两头乌猪原产于浙江省金衢盆地，随着养猪业的日益发展，各地普遍重视猪种改良和杂交优势的利用，分布范围已扩大至省内外。目前，金华两头乌猪保种单位共有3家（国家级种质资源保种场1家、省级保种场1家、其他1家），备份保种场多家，拥有多个金华两头乌猪保种群。金华两头乌猪具有性成熟早、繁殖力高、皮薄骨细、肉质细嫩鲜美的特性，是制作金华火腿的优质原料。

一、体型外貌

（一）毛色

金华两头乌猪的毛色主要以中间白两头黑为基本特征，在头颈部和臀尾部为黑皮黑毛，胸腹部和四肢均为白皮白毛，在黑白相交处存在明显黑皮白毛的“晕”带，两头乌猪就是由此而得名。有时在同一窝仔猪中，也有在白毛区夹有小块黑斑的少数个体存在，这种夹杂小黑块个体的概率，可通过选择和淘汰而逐代降低。

（二）类型

金华两头乌猪头小颈短，额有皱纹，耳中等大，耳下垂且不超过口角。传统金华两头乌猪因营养缺乏造成了背微凹，由于粗饲料饲喂过多而腹大，且微下垂，臀部稍倾斜。四肢细短，蹄坚实呈玉色。相对国内地方猪来说，金华两头乌猪具有皮薄、毛疏、骨细等特征。乳头数多为14～17个，乳房发育良好，乳头结实而有弹性。

从体型外貌特征和生产性能等方面可以把金华两头乌猪分为Ⅰ系、Ⅱ系、Ⅲ系和金华市农业科学研究院（以下简称“金华市农科院”）培育的金华两头乌猪新品系。各类型间除具有共同特征外，在外貌、性能上存在一定差异。现将四种类型特征分述如下。

1. 金华两头乌猪Ⅰ系

俗称“寿字头”，体型较大，头短，耳较大，额部皱纹多且深。背稍宽，四肢粗壮稍短。

皮较粗、有皱纹。育肥猪日增重可达 450 g 以上，生长相对较快。成年公猪体重 137.9 kg，成年母猪体重 97.4 kg。6 月龄公猪体重 48.6 kg，体长 99.3 cm；6 月龄母猪体重 52.9 kg，体长 101.3 cm。屠宰率 71.0%，眼肌面积 20.11 cm^2，腿臀比例 30.67%，瘦肉率 48%，三点背膘厚平均值 3.73 cm。

2. 金华两头乌猪Ⅱ系

体型适中，耳中等大小，额部有少量浅的皱纹。背腰长而平直，四肢结实。每胎产仔 14～16 头。育肥猪日增重 410 g 左右。成年公猪体重 98.5 kg，成年母猪体重 87.8 kg。6 月龄公猪体重 45.1 kg，体长 96.6 cm；6 月龄母猪体重 45.2 kg，体长 97.4 cm。屠宰率 72.09%，瘦肉率 48.61%，腿臀比例 31.69%，眼肌面积 21.92 cm^2，三点背膘厚平均值 3.47 cm。

3. 金华两头乌猪Ⅲ系

俗称“老鼠头”，体型较小，结构紧凑。耳小下垂，嘴筒较窄长，额面皱纹少。背窄而平直，四肢细而高，皮薄而骨细。护仔性强，反应灵敏，繁殖力较高，每胎产仔 14～15 头。在一般饲养条件下，育肥猪日增重 300～350 g。成年公猪体重 92.7 kg，成年母猪 82.8 kg。6 月龄公猪体重 32.3 kg，体长 90.3 cm；6 月龄母猪体重 36.1 kg，体长 91.0 cm。

4. 金华两头乌猪新品系

金华两头乌猪新品系由金华市农业科学研究院培育而成的金华两头乌猪新类型，新品系克服了原金华两头乌猪凹背挂肚、腿臀欠丰满等体型结构的缺陷，改良后的金华两头乌猪能保持肉质好、产仔多的优良特性以及“两头乌”这一毛色特征。

金华两头乌猪新品系母猪 139 d 初次发情。6 月龄公猪体重 51.9 kg，腿臀围 66.9 cm；6 月龄母猪体重 52.3 kg，腿臀围 65.2 cm。经产母猪产活仔 12.7 头，2 月龄窝重 103.9 kg。

育肥猪日增重 500 g，料重比 3.6，肥猪 80 kg 屠宰，屠宰率 70%，瘦肉率 55%，腿臀比 32.3%，眼肌面积 30.85 cm^2，背膘厚 3.53 cm（第 6～7 肋骨），皮厚 0.353 cm（第 6～7 肋骨），肌内脂肪 3.2%。

金华两头乌猪新品系育肥猪屠宰后 45～60 min 测定，Göfo 值（表示肉色指标）71.4，后腿温度 39.7 ℃，后腿 pH 6.42，眼肌温度 39.8 ℃，眼肌 pH 6.49，Rigor 值（该值表示肉质及尸僵程度）3.58，导电率 3.44。（注：$pH_1 \geq 6.0$ 为正常，$pH_1 < 6.0$ 为 PSE 肉。Göfo 值 50～80 为正常。Rigor 值 1～15，1～5 表示肌肉较软，6～9 为中等，10～15 表示肌肉较硬。导电率≤5.0 表示肉质好，5.01～8.99 肉质一般，≥9.0 肉质差。）

金华两头乌猪新品系与原金华两头乌猪比较，在瘦肉率、眼肌面积、腿臀比和日增重方面都有较大的提高，与外来猪杜洛克、大约克或长白公猪杂交效果良好。杜金、长金、大金的日增重分别为762 g、713 g、705 g，料重比分别为3.2、3.3和3.0，杂交猪瘦肉率达58%左右。

从目前饲养观察发现，每种类型金华两头乌猪在营养条件较好的情况下，生长潜力还会有一定的提高。

（三）乳头与乳房

金华两头乌猪的乳头数为14～17个。金华两头乌母猪的乳房发达，泌乳量高，有利于哺育仔猪，常以20日龄哺乳仔猪窝重来衡量母猪泌乳性能，泌乳母猪产后具有60多天的泌乳潜力。

二、生长发育

（一）体躯各段的生长特点

金华猪种质特性测定课题组（1984）将金华两头乌猪体躯分割为头、颈胸、腰、腿臀和蹄五个躯段，利用异速生长方程 $y=ax^b$ 来研究各躯段或组织对整体的相对生长势。方程中 a 为回归系数，b 为异速生长系数，以判断各躯段或组织的早熟性顺位。当 $b>1$，为晚熟的组织或躯段；$b<1$，为早熟的组织或躯段。测量金华两头乌猪体躯各段的异速生长系数得到金华两头乌猪体躯各段的早熟顺序为：头—蹄—颈胸—腿臀—腰。

（二）骨、皮、肉、脂的生长发育

金华猪种质特性测定课题组（1984）研究表明，金华两头乌猪骨与皮占胴体的比例明显低于国内其他品种，这也是金华两头乌猪品种的突出优点之一。骨骼的生长发育随年龄增长呈直线下降，生长高峰出现在幼龄阶段，显示骨骼发育最早熟；脂肪（这里特指皮下和肌间脂肪）的生长势随年龄增长而增强，生长高峰出现在70～90 kg体重阶段，肌肉的生长强度随年龄呈抛物线状变化，生长高峰出现在10～30 kg体重阶段，并持续至70 kg体重。皮肤的生长强度始终低于肌肉，其生长高峰出现在30～70 kg体重阶段。金华两头乌猪四种组织的早熟顺位是：骨—皮—肉—脂，区别于一般猪的骨—肉—皮—脂，表明金华两头乌猪的骨、皮较早熟，生长后期的骨、皮长势较弱，这是金华两头乌猪皮薄骨细的基本原因。

（三）股骨的生长特点

金华猪种质特性测定课题组（1984）研究表明，金华两头乌猪的股骨细而长，但是重量却不低。在不同体重阶段(70 kg体重、90 kg体重),股骨长度(cm)和股骨重量(g)相差不大。股骨部瘦肉最多,是金华火腿中价值最高的腿心部分。金华两头乌猪股骨细长的这个骨骼结构特点,是生产优质金华火腿的重要内在因素。

(四)繁殖性能

金华猪种质特性测定课题组(1984)和郎介金等(1984)对金华猪生殖器官及性机能发育进行了研究,金华两头乌猪具有早熟性和多产性等特点(图2-1)。金华两头乌猪3.5月龄已达性成熟,有的公猪61日龄已能射精7 mL,母猪77日龄已能受孕并正常产仔。

图2-1　金华两头乌保育猪

1. 母猪繁殖性能

(1)生殖器发育　母猪生殖器在60～120日龄阶段出现生长高峰期。卵巢和子宫角的发育从60日龄开始明显加快,60日龄时卵巢两侧平均重仅0.27 g,至120日龄时已增至3.44 g,同期子宫角两侧平均重由13.8 g增至74.8 g。70～80日龄时卵巢浅表均已出现有腔生长卵泡,部分个体已出现成熟卵泡和排卵后刚形成的黄体。110～120日龄时除各级生长卵泡外,所有个体均出现成熟卵泡或黄体。

(2)雌二醇变化　通过测定金华两头乌母猪不同日龄(40日龄至成年),金华两头乌母猪血液中雌二醇的含量(pg/mL血清)发现,母猪60～80日龄时雌二醇含量从31.8 pg/mL血清上升到47.6 pg/mL血清,90～100日龄时雌二醇含量出现峰值,

100 日龄达 96.2 pg/mL 血清。110～120 日龄时峰值明显下降，120 日龄达 80.6 pg/mL血清。母猪 104 日龄(88～124 日龄)第一次出现典型发情症状，发情持续时间为 5.8 d，发情母猪排卵数平均为 9 个(5～15 个)，受胎率为 87.5%(7/8)，妊娠期平均为 112.8 d(112～114 d)，产仔数为 6.1 头。适宜配种日龄为 6～7 月龄，体重为 41～50 kg。

(3)排卵数　金华两头乌猪的多产特性与排卵数存在直接关系。初情期排卵数 6.2 个，4 月龄(已达性成熟)10.8 个，6 月龄 15.2 个，8 月龄 21.2 个，成年母猪 24.2 个。

(4)产仔性能　据对 346 头金华两头乌猪初产母猪的统计，产仔数 10.56 头，产活仔数 10.13 头，3 胎以上经产母猪产仔数 14.22 头，产活仔数 13.26 头。在 5 胎以前的产仔数均随胎次增高而增加，5 胎以后一般稳定在 14 头以上，可持续多年不衰。

(5)妊娠期胚胎死亡率　研究表明，金华两头乌经产母猪妊娠 30 d 的胚胎死亡率为 15.02%，妊娠 60 d 胚胎死亡率为 30.84%。

(6)分娩时死胎率　据对 997 胎产仔记录的统计，1～4 胎的死胎数在 0.5 头左右，死胎率在 5%以下；5～9 胎的死胎数在 1.4 头左右，死胎率在 10%以下；10～13 胎的死胎数在 2.44 左右，死胎率在 16.4%以下。

(7)泌乳力　金华两头乌母猪在日获消化能 62.2 MJ、可消化蛋白 667 g 的饲养条件下，产后 60 d 泌乳总量为 328.2 kg，平均日泌乳量 5.47 kg。产后 1～30 d 泌乳量占全期的 54.6%，泌乳高峰期在产后 25～30 d，泌乳次数为 27.1 次。

(8)发情期、适配期和发情周期　金华两头乌母猪发情症状明显，初产母猪发情持续期平均为 4.74 d，经产母猪平均为 4.3 d，这说明经产母猪的发情持续时间比初产母猪略短。适配期应该掌握在发情后第 2 天、第 3 天，具体应结合如下发情症状进行配种：①母猪发情会从明显不安转入稳定期；②接受“压背试验”后；③阴户红肿逐渐稍退，流出黏液并常粘着垫草、泥沙等物；④公猪试情时，当开始接受爬跨半天后配种；⑤后备母猪宜适当推迟 1 d 左右。金华两头乌猪发情周期为 20.81 d，与其他猪种接近。

(9)妊娠期　据对 256 窝母猪资料进行统计，金华两头乌初产母猪妊娠期 112.9 d，经产母猪 115.3 d。金华两头乌母猪平均妊娠期 114 d，与其他猪种相比无明显差异。

2. 公猪繁殖性能

金华猪种质特性测定课题组(1984)和朗介金等(1983)研究表明金华两头乌公猪生

殖器官发育早，生长高峰一般出现在 60～120 日龄阶段，30 日龄时全部生殖器官重为 21.22 g，60 日龄和 120 日龄时已分别达到 79.9 g 和 292.0 g；30 日龄时两侧睾丸平均重为 1.97 g，60 日龄和 120 日龄时已分别增到 11.0 g 和 46.0 g。120 日龄时体重相当于成年公猪的 24.0%，各生殖器官达到成年公猪对应器官重量的比例分别为：睾丸 55.0%，附睾 33.9%，输精管 60.5%，阴茎 67.5%，精囊腺 18.2%，尿道球腺 24.4%，前列腺 17.2%。除副性腺相对呈滞后成熟趋势外，性腺和生殖器官均比体重增长快，显示其先于个体生长发育的早熟特性。

金华两头乌公猪 60 日龄左右睾丸曲细精管均出现腔裂，平均管径达 135.9 μm。至 75 日龄左右，在曲细精管和附睾中有大量精子存在。

从性机能发展进程观察，小公猪于 56 日龄左右（43～67 日龄），平均体重 8.5 kg 时，开始出现具有性反射特征的爬跨行为，表现为连续追逐母猪并爬跨，有明显的收腹挺臀的交配动作，伴有少量液体滴出。至 67 日龄左右（49～77 日龄），平均体重 11.0 kg（7.0～13.5 kg）时，进而发展到爬跨母猪时阴茎伸出包皮，并可用手握法训练采精。69 日龄左右时（51～80 日龄），平均体重达 11.3 kg（7～13 kg），初次射出不含精子的精液。75 日龄左右时（61～82 日龄），体重 12.0 kg（11.5～16.0 kg）时，精液中首次出现形态正常的精子，此时已达初情期。

3.5 月龄公猪平均射精量达到 33.6 mL，浓度 0.76 亿个/mL，活力 0.8。该月龄公猪性欲极强，一天能采精多次。其性行为链（性激动—勃起—爬跨—交配—射精—性失效）与成年公猪一致，该月龄公猪的精子已有正常受精能力，达到性成熟期阶段，受胎率 87.5%，产仔 5～8 头。6 月龄公猪精液中精子活力 0.95，浓度 2.01 亿个/mL，精液量 79.5 mL（72.6～110.0 mL）。

30 日龄公猪血液中的睾酮含量 120.5 ng/100 mL，70 日龄 144.7 ng/100 mL，这时睾酮含量大幅度上升，这是小公猪相继达到初情期和性成熟时期。100～120 日龄睾酮含量已经接近成年公猪水平，110 日龄睾酮含量 296.3 ng/100 mL，成年公猪睾酮含量 298.3 ng/100 mL，这时充分显示出睾丸间质细胞发育迅速和内分泌功能出现早的特点，可作为金华两头乌猪性早熟的重要生殖生理指标。

（五）育肥性能

金华市农业科学研究院项云等在 2019 年 7—12 月对金华两头乌猪进行测定站测定（图 2-2），在饲养条件较好的情况下，生长育肥猪体重在 20～80 kg 阶段，日增重为 483.4 g±100.3 g。金华两头乌猪表现出较好育肥性能。

图 2-2　东阳市畜牧兽医联站金华猪保种场金华两头乌猪性能测定

（照片由东阳市农业农村局提供）

三、胴体品质和肉质特性

（一）胴体品质

项云、胡旭进等（2012）和楼芳芳、项云等（2017）对金华两头乌猪胴体性状包括屠宰率、背膘厚、皮厚、眼肌面积、腿臀比例、瘦肉率等进行测定；胴体性状测定方法按照《瘦肉型猪胴体性状测定技术规范》（NY/T 825—2004）进行，宰前活重为 80.5 kg，胴体重为 55.9 kg，屠宰率为 69.5%，胴体斜长为 74.9 cm，背膘厚（第 6～7 肋）为 3.543 cm，皮厚（第 6～7 肋）为 0.352 cm，结果表明金华两头乌猪有优秀的胴体品质。

（二）肉质特性

1. 金华两头乌猪肉质特性

（1）肉色　肉色是评定猪肉好坏的重要感官品质之一，是肌肉的外部体现。猪肉的色泽主要受肌红蛋白状态的影响，其次也受光线发射、氧化作用的影响。肌红蛋白的含量对肉色有一定的影响，含量越多，肉色越深，决定关键因素是肌红蛋白的化学特性。肉品部位不同、年龄不同都会造成肉色差别。王悦先等（1983）用三种比色方法对金华两头乌猪和长白猪进行比色，结果均证明金华两头乌猪的肉色鲜红，没有发现 PSE 肉（灰白、松软、渗水的劣质肉），优于长白猪。目前国内多采用目测评分法，即利用 5 级分制标准肉色图直观评定肉色，以 3 分为最好（鲜红色），1 分和 5 分为最差（前者判为 PSE 肉，后者判为 DFD 肉，DFD 肉为色深、干硬的肉）。据测定，金华两头乌猪肉色均为 3 分，而长白猪为 2 分，表明金华两头乌猪肉色鲜红，而长白猪肉色较淡。采用比色法测定屠宰后

1 h 金华两头乌猪的股二头肌和背最长肌的总色素含量(光密度值/540 nm)吸光值分别为 0.151 和 0.083,长白猪相应为 0.115 和 0.049,前者高 0.036($P<0.05$),证明金华两头乌猪肌红蛋白含量较高。利用德国产光度计测定肌肉色泽的 Göfo 值(Göfo 值范围为 0～100,以 50～80 为优良,低于 50 判为 PSE 肉或可疑,高于 80 判为 DFD 肉或可疑),金华两头乌猪为 63.6,正好处于优良范围内。采用色差仪于宰后 45 min 对肉样进行测定,色差仪能精密地测出猪肉颜色的亮度 L、红度 a 值、黄度 b 值、饱和度 c 值、色调角 h 值。无论直观评定还是用仪器客观度量,结果均证明金华两头乌猪肉色鲜红(没有发现 PSE 肉色),优于长白猪。

(2)肌肉系水力　肌肉系水力是指肌肉蛋白质保持其内含水分的能力,它直接影响肌肉的加工和贮藏过程,具有重要的经济意义。在实践中常以宰后肌肉游离水分渗出量来度量。采用的是重量加压法:在宰后 1 h 内取第一、第二腰椎处背最长肌,采样肌肉组织 0.5 g 左右,放入两张过滤纸中间进行按压,过 15 min 后,用压扁的肉样面积除以总面积表示。肌肉系水力小于或等于 0.218 表示肉质差,0.219～0.265 表示肉质较差,0.266～0.384 表示肉质较好,大于或等于表示 0.385 肉质好。金华两头乌猪(疫肉系)的肌肉系水力为 0.54,显著高于金华两头乌猪的杂交猪。

(3)肌肉 pH　宰后肌肉 pH 是反映肌肉糖原酵解强度和速度的重要指标。宰后肌肉的 pH 下降速度越快,PSE 肉发生率越高。金华两头乌猪三点 pH 平均值为 6.70,长金的 pH 为 6.81,杜金的 pH 为 6.68,大金的 pH 为 6.64。

(4)肌内脂肪含量　肌内脂肪含量与肌肉多汁性、柔嫩度、香味等密切相关,是评定肉质的重要指标。测得金华两头乌猪背最长肌肌内脂肪含量为 3.95%,长金肌内脂肪含量为 3.25%,杜金肌内脂肪含量为 3.33%,大金肌内脂肪含量为 3.20%。这是金华两头乌猪肌肉风味优美的重要因素之一。

(5)肌苷酸含量　肌苷酸含量是肉食鲜味的主要来源,目前世界上已有不少国家以肌苷酸的含量作为肉类鲜味的指标之一。不同猪的肌肉肌苷酸含量差异与猪的品种、年龄、性别及部位有关外,也跟遗传、环境、饲料、宰前处理及方法、贮藏温度及时间有关。王悦先(1981)从肌肉组织学方面研究发现金华两头乌猪的肌苷酸含量为 0.801(光密度值/250 nm),长白猪的肌苷酸含量为 0.647(光密度值/250 nm)。金华市农业科学研究院测定结果,金华两头乌猪肌苷酸含量为(1 419.76±26.53)mg/kg,长金肌苷酸含量为(1 567±115.56)mg/kg,杜金肌苷酸含量为(1 614.11±91.07)mg/kg,大金肌苷酸含量为(1 567.98±97.14)mg/kg(长金、大金、杜金三种杂交猪肉样冷冻后测定,B 型金华两头乌猪是新鲜猪肉测定)。

2. 金华两头乌猪的杂交猪肉质特性

取金华两头乌猪背最长肌第 6～7 肋间肉样进行肉色等指标进行肌肉品质测定，以金华两头乌猪的杂交猪为对照，说明金华两头乌猪及其杂交猪有着优良的肉质特性(表 2-1)。

表 2-1　金华两头乌猪及其杂交猪肉质特性

测定项目	金华两头乌猪	长金	杜金	大金
宰前活重/kg	73.82±0.65	100.1±6.46	93.83±3.08	103.8±3.23
肉色亮度(L)	47.91±0.87	47.89±0.79	47.08±0.87	42.60±0.87
肉色红度(a)	7.09±0.50	5.49±0.46	0.38±0.50	0.86±0.50
肉色黄度(b)	7.17±0.45	6.02±0.41	12.08±0.45	10.12±0.45
肉色饱和度(c)	10.10±0.56	8.17±0.51	12.12±0.56	10.26±0.56
肉色色调角(h)	45.57±2.16	46.80±1.97	88.41±2.15	85.67±2.15

四、金华猪新品系(B 型)后备猪生长曲线

项云、胡旭进等(2010)对生长曲线进行研究，不同月龄体重是衡量生长发育的综合指标，也是后备猪选育的依据，由于体重变化的规律可由生长曲线来描述，生长曲线不仅可预测猪的生长发育情况，而且其拐点、极限体重和生长速率为选育及饲养管理提供了重要依据。金华市农业科学研究院利用 Gompertz 方程对金华猪新品系(B 型)后备猪生长曲线进行了拟合研究。

1. 后备公母猪体重测定与预测

Gompertz 方程：$W_t = A e^{-b \cdot \exp(-kt)}$，其中 W_t 指月龄为 t 时的体重，A 为体重极限参数，k 为接近极限体重时的生长速率，b 为达到生长曲线拐点(即增重最快)时的月龄，拐点为(Lnb/k，A/e)，能较好地拟合金华猪新品系后备公母猪的生长曲线。进行后备公母猪体重测定用于得出 Gompertz 方程，分别测定公猪和母猪从初生—2 月龄—4 月龄—6 月龄的体重(kg)，其中 2 月龄后 Gompertz 方程预测的体重与实测体重较为接近。

2. Gompertz 方程参数估计

后备公母猪的 Gompertz 方程残差平方和 RSS 公猪为 0.697 3，母猪为 0.250 9；拟合优度 R^2 公猪为 0.999 831，母猪为 0.999 666；A、b、k 参数，公猪为 204.4、4.860 4、0.223 3，母猪为 138.4、4.387 8、0.250 9；Gompertz 的 Pr 较小，拟合效果较好。

后备公母猪 Gompertz 方程生长曲线拐点分别为(7.08，94.11)和(5.89，50.91)(表 2-2、表 2-3)。

表 2-2 Gompertz 方程的 *RSS*、R^2、*A*、*b* 和 *Pr* 值

后备猪	*RSS*	R^2	*A*	*b*	*k*	*Pr*
公猪	0.697 3	0.999 831	204.4	4.860 4	0.223 3	0.016 5
母猪	0.250 9	0.999 666	138.4	4.387 8	0.250 9	0.023 6

表 2-3 各参数标准误和 95%置信区间

后备猪	参 数	标准误	95%置信区间	
公猪	*A*	69.421 7	−677.7	1086.5
	b	0.174 0	2.649 7	7.071 2
	k	0.041 9	−0.309 0	0.755 6
母猪	*A*	46.684 7	−454.8	731.6
	b	0.220 6	1.585 4	7.190 2
	k	0.056 9	−0.472 4	0.974 2

3. 改良前金华猪后备猪 Gompertz 方程参数估测

通过比较(表 2-2 与表 2-4),Gompertz 方程参数 *A* 值新品系较大。

表 2-4 改良前金华猪后备公母猪 Gompertz 方程的 *RSS*、R^2、*A*、*b* 和 *Pr* 值

后备猪	*RSS*	R^2	*A*	*b*	*k*	*Pr*
公猪	40.69	0.993 9	127.7	3.479 3	0.214 0	<0.000 1
母猪	22.71	0.995 9	102.4	3.429 6	0.256 3	<0.000 1

4. 后备公母猪生长曲线图

根据图 2-3 金华猪新品系(B 型)后备公母猪各月龄预测体重曲线显示,4 月龄之前,后备公母猪各月龄体重差异不大。

五、金华猪采食时间、采食量与生长规律研究

章啸君、项云等(2018)对金华两头乌猪进行采食等特性研究,利用种猪性能测定站进行采食时间、采食量和生长规律研究表明(图 2-4、图 2-5,表 2-5),公母猪采食量随着体重的增加呈现两头少中间多的趋势,公母猪采食时间随着体重的增加呈现两头短中间长的趋势;公母猪单次采食量平均数为 0.272 kg;公母猪单次采食时间平均为 9.337 min。体重 25~50 kg 公猪采食量 1.886 kg,极显著高于母猪 1.607 kg;公母猪采食量占体重百分比差异不显著。体重 50 kg 以上公猪的采食量 2.639 kg,显著高于母猪

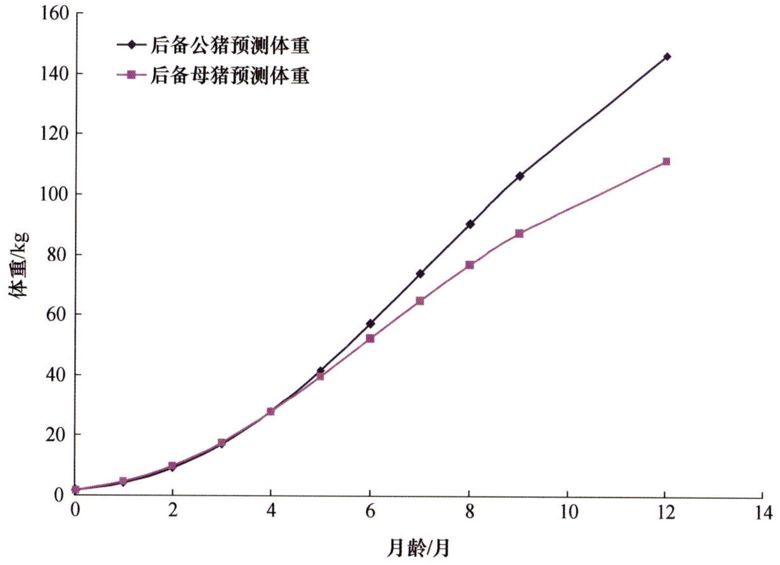

图 2-3 金华猪新品系(B型)后备公母猪各月龄预测体重曲线

2.473 kg;体重 50 kg 以上公猪采食量占体重百分比为 4.039%,显著高于母猪 3.810%。Gompertz 方程能很好地拟合金华猪生长曲线,公母猪拟合方程 R^2 均大于 0.98。公母猪生长曲线拐点分别为(7.59,77.25)和(6.51,64.19)。

体重 25～50 kg 公猪采食量极显著高于母猪,公猪采食量极显著比母猪采食量高 0.259 kg;公母猪采食量占体重百分比差异不显著。

体重 50 kg 以上公猪的采食量显著高于母猪,公猪采食量比母猪采食量高 0.166 kg;公猪采食量百分比显著高于母猪,公猪采食量百分比比母猪采食量百分比高 0.229 个百分点。

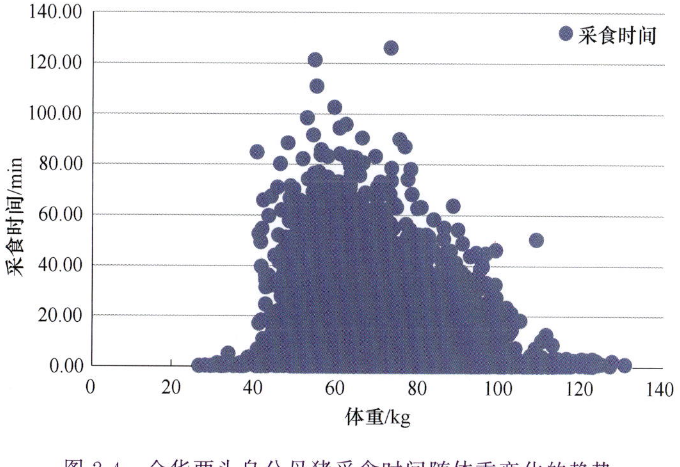

图 2-4 金华两头乌公母猪采食时间随体重变化的趋势

(章啸君、项云提供)

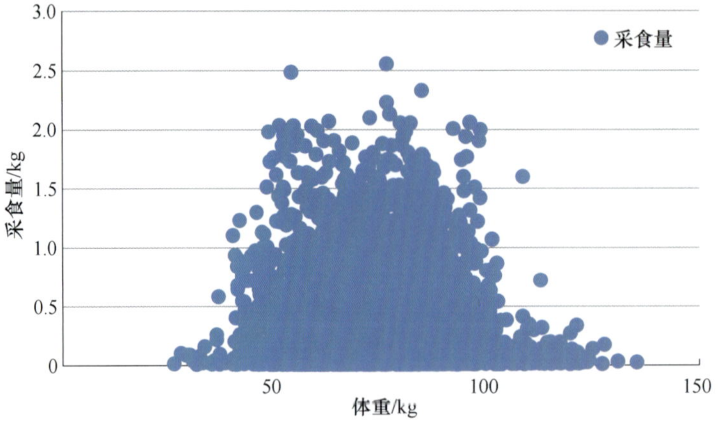

图 2-5 金华两头乌猪公母猪采食量随体重变化的趋势

（章啸君、项云提供）

表 2-5 不同体重阶段金华猪采食量和采食量占体重百分比

性别	体重/kg	样本数	采食量 LSM±SD/%	采食量占体重百分比 LSM±SD/%
公猪	25～50	419	1.886** ±0.040 5	4.211±0.064 2
母猪	25～50	351	1.607±0.044 3	4.237±0.070 1
公猪	50 以上	283	2.639* ±0.052 5	4.039* ±0.070 0
母猪	50 以上	370	2.473±0.046 0	3.810±0.061 2

注：公母猪两组比较 $P<0.01$，标 **；$0.01<P<0.05$，标 *；$P>0.05$ 不标注。LSM 为最新二乘均数；SD 为标准差。

六、不同培养体系对金华两头乌猪卵母细胞体外成熟的影响

屠平光、范雅婷等（2020）对不同培养体系金华两头乌猪卵母细胞体外成熟进行研究表明，采用 TCM199 作为体外成熟基础培养液，添加 10 IU/mL 促卵泡激素（FSH）、10 IU/mL 促黄体素（LH）、10%卵泡液（PFF）、10%血清，在成熟率上均显著高于其他试验组，但添加 10%发情金华猪血清或 10%胎牛血清，在卵母细胞的成熟率上无显著差异（$P>0.05$）（表 2-6、表 2-7）。说明金华两头乌猪卵母细胞在体外成熟培养时加入血清，能够促进卵母细胞的体外成熟率。

表 2-6 不同培养体系对金华两头乌猪卵母细胞体外成熟影响

不同培养体系	COCs 数量	重复次数	成熟率/%
试验组 1	234	3	37.8±3.4[a]
试验组 2	248	3	66.5±2.8[b]
试验组 3	237	3	68.2±1.9[b]
试验组 4	256	3	76.4±2.1[c]

注：同列数据肩标不同字母表示差异显著（$P<0.05$），肩标相同字母表示差异不显著（$P>0.05$）。

表 2-7　不同类型血清对金华两头乌猪卵母细胞体外成熟影响

不同类型血清	COCs 数量	重复次数	成熟率/%
10%发情金华猪血清	256	3	76.4±2.1[a]
10%胎牛血清	235	3	75.8±1.9[a]

注:同列数据肩标不同字母表示差异显著($P<0.05$),肩标相同字母表示差异不显著($P>0.05$)。

七、金华两头乌猪耳组织成纤维细胞体外生长研究

屠平光、项云、章啸君等(2014)对不同血清浓度对金华两头乌猪耳组织成纤维细胞体外生长研究表明,确定体外培养的适宜血清浓度。采用组织块贴壁培养法在不同血清浓度(体积分数为5%、10%、15%)的培养基中进行条件培养,观察其细胞的形态,并采用 MTT 法进行细胞增殖试验。结果表明在含10%、15%血清培养液相对于含5%血清培养液的条件下,细胞从组织块迁移出来的时间短,培养的成纤维细胞生长、增殖迅速,细胞活力强,MTT 值明显增高($P<0.05$);含10%血清培养液与含15%血清培养液的条件下比较,差异无显著意义($P>0.05$)。说明在10%血清浓度的条件下,采用组织块贴壁培养法进行体外培养,传代细胞活力强、增殖迅速,可为金华猪耳组织成纤维细胞培养体系提供一定的实验依据。

1. 倒置相差显微镜观察结果

采用组织块贴壁培养法血清浓度为10%与15%时,培养4 d即有细胞沿组织块周围移出(图 2-6),培养8 d成纤维细胞呈优势生长(图 2-7),培养13 d左右可以长满培养瓶底(图 2-8)。而血清浓度为5%时,培养4 d未见细胞沿组织块周围爬出,培养10 d才见少量细胞沿组织块周围爬出,培养21 d左右才铺满培养瓶底。细胞经过2~3次的消化传代后即可得到纯化的成纤维细胞,细胞呈梭形、三角形等,为典型的成纤维形态,胞质近中央处有椭圆形胞核。成群细胞呈现束状、漩涡状等走势(图 2-9)。

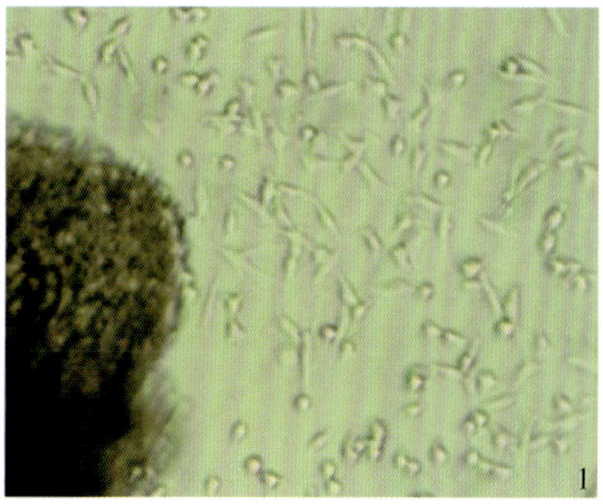

图 2-6　血清浓度为10%培养4 d,金华两头乌猪耳组织块部分成纤维细胞移出(×200)

(图片由项云团队提供)

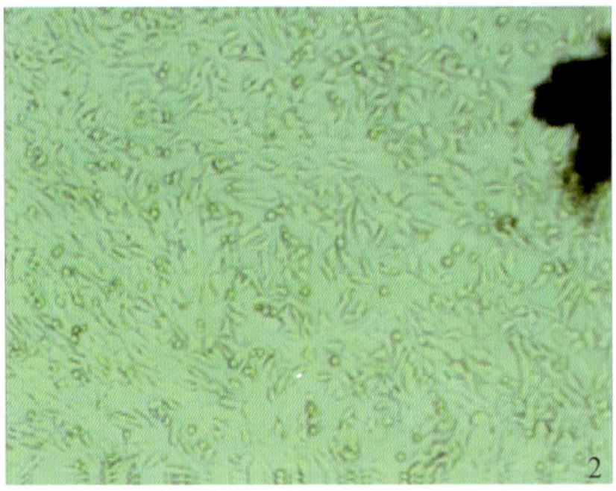

图 2-7　血清浓度为 10%培养 8 d,大量金华两头乌猪耳组织块成纤维细胞移出(×100)

(图片由项云团队提供)

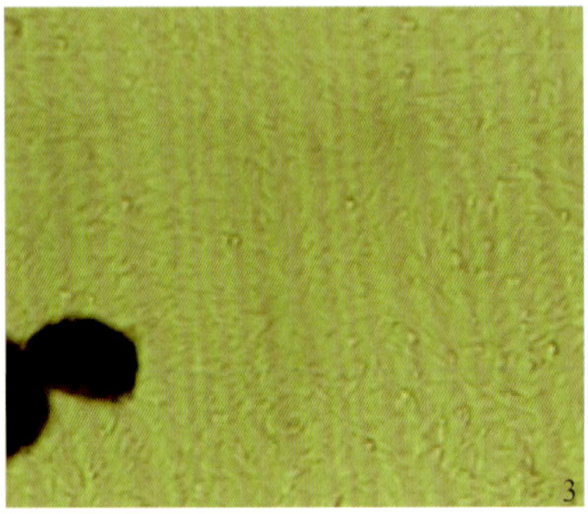

图 2-8　血清浓度为 10%培养 13 d,金华两头乌猪耳组织块成纤维细胞长满培养瓶底(×100)

(图片由项云团队提供)

图 2-9　血清浓度为 10%传代培养的第 3 代金华两头乌猪成纤维细胞(×200)

(图片由项云团队提供)

2. MTT(为一种检测细胞存活和生长的方法)检测结果

金华猪耳组织成纤维细胞在含 10%、15%血清的培养液中,细胞生长均旺盛,活力较强,差异无统计学意义($P>0.05$);在含 5%血清的培养液中,细胞生长缓慢,细胞活力明显低于 10%、15%血清培养液中的细胞,见表 2-8。

表 2-8　3 种浓度血清培养的细胞光密度值

血清浓度	培养孔数(n)	光密度值(A_{490}值)
5%	10	0.773±0.22*
10%	10	0.976±0.24▽
15%	10	0.981±0.21

注：* 表示与 10%、15%血清的培养液比较，差异有统计学意义 $P<0.05$；▽表示与 15%血清的培养液比较，差异无统计学意义 $P>0.05$。

采用组织块贴壁方法培养的成纤维细胞形态良好，且在细胞传代后极少出现无法贴壁的死细胞，在稳定传代 10 次后，细胞的形态未出现衰老等变化，在长满 90% 左右时，呈鱼群状或漩涡状生长。并探讨了不同浓度的胎牛血清对金华猪耳组织成纤维细胞体外培养的影响，在 10%～15%胎牛血清浓度即可以满足细胞的生长需求，根据本实验的结果，10%、15% 的血清浓度对细胞影响的差异并不显著，所以采用 10% 的血清浓度培养金华猪耳组织成纤维细胞可以满足实验的需要。而在血清浓度为 5% 时，血清不能满足细胞生长需要，尽管细胞一直在生长，但速度较慢，培养器皿底部并没有铺满，细胞也一直处于增殖的状态，但没有出现平台期。血清浓度对金华猪耳组织成纤维细胞生长影响比较明显，血清浓度为 10%、15% 时，两者对细胞生长状况的影响差异不显著，两者与血清浓度为 5% 的情况差异显著，提示不同血清浓度的培养体系在对体外培养金华猪耳组织成纤维细胞有着特殊的影响。

血清是一种很复杂的混合物，含有丰富的细胞生长必需的营养成分，能够维持细胞成活，并促进增殖。可能与血清中含有的 VEGF、EGF、bFGF 等多种细胞生长因子有关，细胞生长因子对细胞增殖影响均存在一定的量效关系。因此在血清浓度为 10%条件下采用组织块贴壁培养法获取的原代金华两头乌猪耳组织成纤维细胞形态良好、增殖能力强，群体倍增时间短。

八、金华两头乌仔猪和母猪猪瘟等抗体衰减规律

杜喜忠、胡旭进等(2010)研究表明，金华两头乌仔猪母源猪瘟抗体水平随着日龄增大而逐级降低，半衰期为 17d 左右；金华两头乌仔猪母源猪瘟抗体水平与母猪猪瘟抗体水平成正比，随着日龄的增加母猪对仔猪母源猪瘟抗体影响越来越低。金华两头乌猪猪瘟母源抗体从 28 日龄开始下降加剧；蓝耳病母源抗体 21 日龄开始下降加剧，半衰期 9 d 左右；高致病性蓝耳病灭活苗对猪瘟弱毒苗免疫无干扰作用，两者可以同时免疫；蓝耳病弱毒苗与猪瘟弱毒苗同时免疫，对猪瘟疫苗的免疫有极显著干扰作用，猪瘟抗体合

格率仅为60%，未达免疫保护要求；两者疫苗间隔7 d免疫仍有显著干扰作用，但猪瘟抗体能达到免疫保护要求；蓝耳病免疫效果较差。

杜喜忠、杨民等(2012)对金华两头乌猪伪狂犬病母源抗体衰减规律及适时首免进行研究，试验采用伪狂犬病gB抗ELISA试剂盒，分别检测3日龄、1周龄、2周龄、3周龄、4周龄、5周龄、6周龄、7周龄、8周龄、9周龄、10周龄未免疫猪伪狂犬病母源抗体和相应日龄免疫后3周的伪狂犬病gB抗体，以gB抗体阳性率和S/N值分析猪伪狂犬病母源抗体衰减规律和最佳首免时间。结果表明，母猪分娩前1个月免疫伪狂犬病gE基因缺失弱毒苗，所产仔猪能获得高水平的母源抗体；随着仔猪日龄增加，抗体水平逐渐降低，能维持到10周龄。仔猪在5周龄前免疫伪狂犬病疫苗，母源抗体干扰主动免疫，5周龄后免疫抗体水平均有上升；该场仔猪伪狂犬病最佳首免时间为35～42日龄。

表2-9　试验猪各阶段伪狂犬病gB抗体检测结果

阶段	母源抗体			免疫后抗体		
	样本数/头	抗体阳性率/%	抗体水平/%	样本数/头	抗体阳性率/%	抗体水平/%
3日龄	12	100	96.24			
1周龄	12	100	94.38			
2周龄	12	100	96.41			
3周龄	12	100	76.98			
4周龄	12	100	86.23	12	50	49.55
5周龄	12	100	66.75	12	44.44	48.38
6周龄	12	100	68.08	11	28.58	35.52
7周龄	12	90	53.02	12	60	53.85
8周龄	12	70	41.83	12	77.78	78.63
9周龄	11	62.5	41.19	11	100	91.60
10周龄	11	54.55	38.98	12	75	56.43
11周龄				12	85.71	81.13
12周龄				11	100	85.09
13周龄				11	100	94.13

注：①抗体水平为(1－S/N值)×100%的转化值；②母源抗体衰减试验的4窝猪从7周龄开始每次采血后作伪狂犬病首免，免疫后的猪就不在下次母源抗体衰减试验采血的候选中，因此从8周龄开始母源抗体衰减试验采血实际是在未免疫猪中选样本，至9周龄其中1窝只有4头未免疫猪，只好分成每次2头，故出现9周龄、10周龄母源抗体衰减试验及伪狂犬病首免试验(12周龄、13周龄检测抗体)样本数为11头。

九、金华两头乌猪呼吸系统微生物菌群多样性研究

因金华两头乌猪呼吸系统疾病比较常见，为此张超颖、项云、王新洁等(2021)对金华两头乌育肥猪进行了鼻腔、气管、支气管、肺脏和肺门淋巴结微生物菌群多样性研究，为金华两头乌猪呼吸系统疾病防控奠定了一定的理论基础。

1. 细菌门水平组成

金华两头乌猪呼吸系统中共鉴定到48个细菌门，含量最多的6个细菌门在5个样品组中含量较高，相对丰度达到了92.7%以上，其中厚壁菌门(Firmicutes)、拟杆菌门(Bacteroidetes)、变形菌门(Proteobacteria)这3个细菌门占总相对丰度的一半以上(图2-10)。

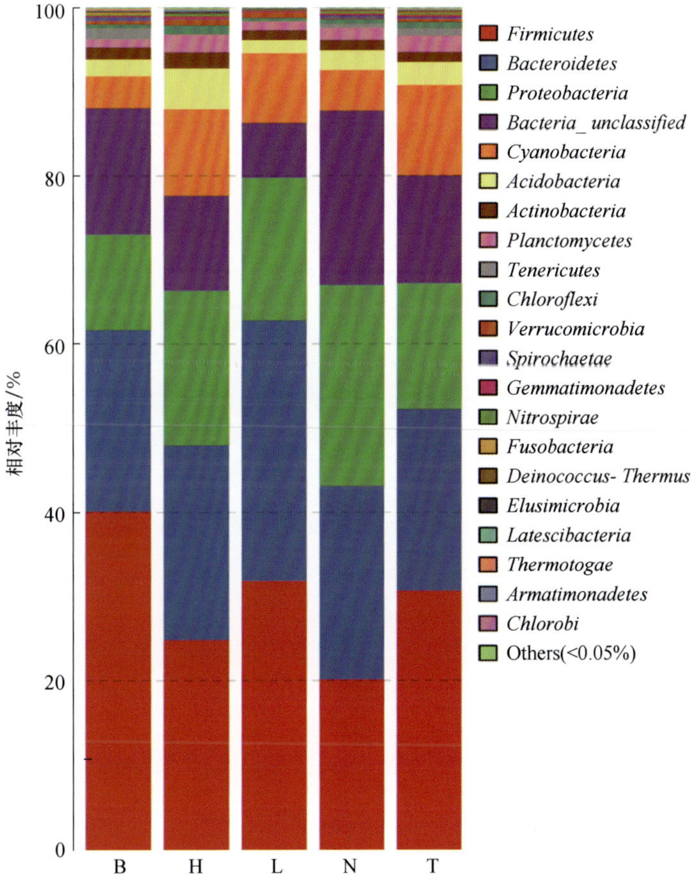

图2-10　金华两头乌猪呼吸系统微生物菌群中细菌门水平组成

(N为鼻腔，T为气管，B为支气管，L为肺脏，H为肺门淋巴结)

2. 菌属水平组成

金华两头乌猪呼吸系统微生物菌群从菌属水平进行了分析，金华两头乌猪鼻腔中拟杆菌属（*Bacteroides*）、蓝细菌属（未归类）（*Cyanobacteria _norank*）、伯格菌属（*Bergeyella*）和莫拉克菌属（*Moraxella*）相对丰度较高；气管中拟杆菌属（*Bacteroides*）、瘤胃梭状芽孢杆菌-9（*Ruminiclostridium*-9）、蓝细菌属（未归类）（*Cyanobacteria-norank*）、厌氧芽孢杆菌属（*Anoxybacillus*）等相对丰度较高；支气管中厌氧芽孢杆菌属（*Anoxybacillus*）、拟杆菌属（*Bacteroides*）、蓝细菌属（未归类）（*Cyanobacteria-norank*）和瘤胃梭状芽孢杆菌-9（*Ruminiclostridium*-9）等丰度相对较高；肺脏中拟杆菌属（*Bacteroides*）相对丰度最高，占 30%左右，拟杆菌属（*Bacteroides*）、蓝细菌属（未归类）（*Cyanobacteria-norank*）和瘤胃梭状芽孢杆菌-9（*Ruminiclostridium*-9）相对丰度较高；肺门淋巴结中拟杆菌属（*Bacteroides*）、蓝细菌属（未归类）（*Cyanobacteria-norank*）、瘤胃梭状芽孢杆菌-9（*Ruminiclostridium*-9）、厌氧芽孢杆菌属（*Anoxybacillus*）等相对丰度较高（图 2-11）。

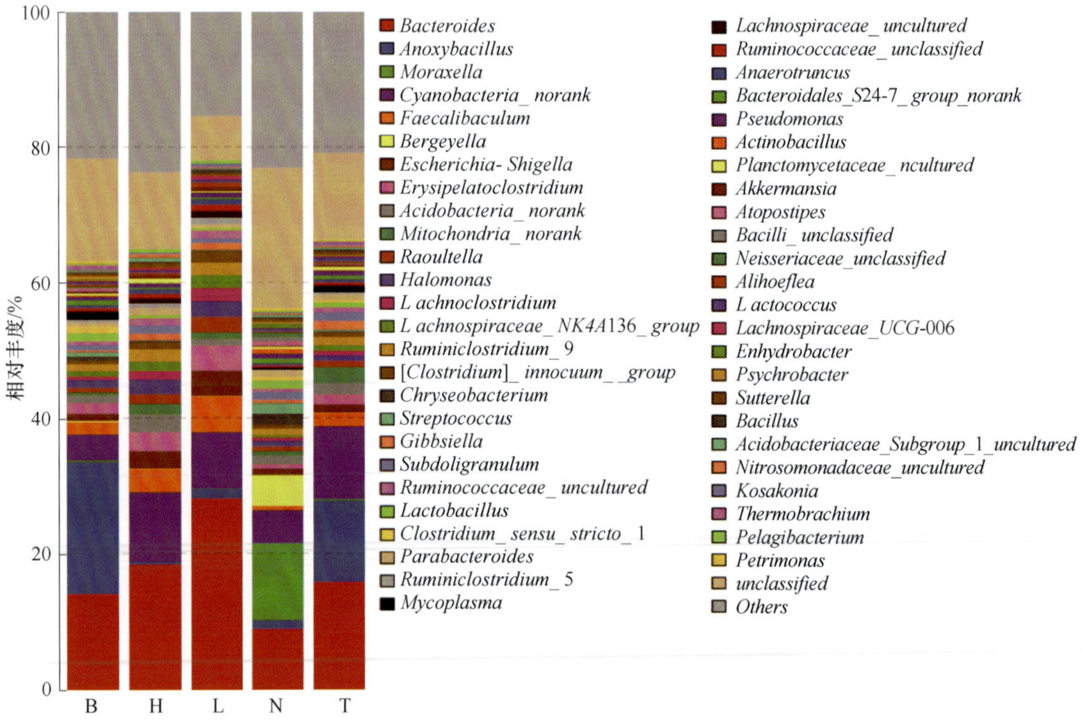

图 2-11　金华两头乌猪呼吸系统微生特菌群中菌属水平组成

（N 为鼻腔，T 为气管，B 为支气管，L 为肺脏，H 为肺门淋巴结）

第二节　金华两头乌猪保种情况

一、保种历史

对金华两头乌猪种种质资源挖掘而言，必须把金华两头乌猪种有效地保留，这样才能对金华两头乌猪进行挖掘与开发，金衢盆地金华两头乌猪原产地农作物较为丰富，特别是玉米、紫云英、豆类、大麦、番薯、胡萝卜等养猪青绿饲料四季相互交接，因此当时当地农户几乎家家养猪，养猪业也较为发达。20 世纪六七十年代后，金华两头乌猪发展开始进入最辉煌时期，分布范围遍及浙江省境内的 46 个县市，同时浙江省外的山东、辽宁、内蒙古、福建、云南、江西等地也在饲养金华两头乌猪。1980 年金华、义乌、东阳三地生猪饲养量达 252.23 万头。随着我国大量引进外来猪种（杜洛克、长白、大约克等瘦肉型猪种），金华两头乌猪饲养量逐年下降，金华两头乌猪原产地饲养能繁母猪从 1980 年的 6.7 万头下降到 1990 年的 4.76 万头；到 2001 年，金华两头乌公猪数已经从 1980 年的 436 头锐减到 39 头，因此加大金华两头乌猪保种已经到了刻不容缓的地步。

早在 1953 年，各级人民政府专门拨款建立了金华两头乌猪种猪场，为金华两头乌猪的选育创造良好的条件。从此先后开展了金华两头乌猪的提纯复壮、选育提高和外来猪的杂交利用等工作，同时对金华两头乌猪生物学特性、遗传特性和经济性状等进行了较系统的研究，其间新建金华两头乌猪Ⅱ系（金华市农科院）、金华两头乌猪Ⅲ系（东阳县良种场，现改为东阳市畜牧兽医联站）良种选育场，从而使金华两头乌猪种质资源得到了一定的保护和开发利用。

随着外来瘦肉型猪种的快速发展，金华两头乌猪等地方优良猪种饲养量急剧下降，在业界有识之士、专业学者的呼吁下，国家各有关部门先后出台了一系列旨在加强畜禽品种资源保护和管理工作的法规和政策性文件，2006 年 6 月颁布的《国家级畜禽遗传资源保护名录》（第 130 号）公告了 138 个国家级畜禽品种资源保护品种，金华猪是第一批保护名录的 19 个地方猪种之一。2008 年 7 月，农业部公布了第一批国家级畜禽遗传资源保种场名单，金华猪保种场被确定为国家级资源保种场，建设单位为浙江加华种猪有限公司。2015 年 7 月，浙江省将经省农业厅认定的省级畜禽遗传资源保种场，均由省农业厅与保种单位及所在地县级以上农业行政主管部门签订保种协议，确保种群规模数量、性状变化、保种措施等的落实，金华家农两头乌种猪场和东阳市畜牧兽医联站金华猪保种场被分别确定为金华两头乌猪Ⅱ系、Ⅲ系省级种质资源保种场(表 2-10,图 2-12、图 2-13)。

领导重视、资金扶持、市场升温让金华两头乌猪生产逐渐恢复。2015 年,浙江省金华市启动实施金华两头乌猪产业转型升级“1265”行动计划,进一步带动、促进金华两头乌猪产业的发展,支持社会力量投资建设了多个金华两头乌猪养殖基地。

表 2-10　金华两头乌猪保种单位

序号	养殖基地	公猪存栏/头	能繁母猪存栏/头	类型
1	浙江加华种猪有限公司(国家级畜禽遗传资源保种场)	27	610	Ⅰ系
2	金华家农两头乌种猪场(省级畜禽遗传资源保种场)	20	120	Ⅱ系
3	东阳市畜牧兽医联站金华猪保种场(省级畜禽遗传资源保种场)	24	120	Ⅲ系

图 2-12　国家级畜禽遗传资源保种场

(照片由浙江加华种猪有限公司提供)

二、保种措施

作为我国猪种资源宝库中具有优良肉质特色的佼佼者,各级政府一直以来高度重视金华两头乌猪的保种选育工作。从 20 世纪 60 年代开始金华两头乌猪的提纯复壮,到 2020 年首批克隆金华两头乌猪的诞生,广大金华两头乌猪从业者和科研人员坚持保护、研究、开发、利用和推广相结合的方针,伴随金华两头乌猪保种工作经历了“兴盛—濒临灭绝—再度崛起”的 60 余年。目前采用活畜保种、细胞保种和数字化保种相结合的保种方式。

图 2-13　省级畜禽遗传资源保种场（金华家农两头乌种猪场）

（照片由金华家农两头乌种猪场提供）

图 2-14　省级畜禽遗传资源保种场（金华猪保种场）

（照片由东阳市农业农村局提供）

(一)建立保种场

金华两头乌猪现有3个保种单位,分别承担了3个品系金华两头乌猪的活畜保种任务,纯种能繁母猪存栏585头,纯种公猪存栏40头(25个血统)。采用家系等量留种法增加有效群体含量,控制近交系数的数量,延长世代间隔,减少基因流失。此外,强化场内测定制度,对原种场要求场内留种的每一头种猪做到有常规的生长发育数据,记录完整的系谱。

(二)杂交利用

20世纪80年代以来,随着人民生活水平不断提高,对瘦肉需求日益增加,国外引进的大约克、杜洛克及长白等品种逐步取代了金华两头乌猪纯种等肉脂型地方品种。为适应市场需求,省、市畜牧兽医部门牵头建立了以金华两头乌猪为原始母本、大型瘦肉型猪种为父本,开展有计划经济杂交的杂交利用繁育体系,利用金华两头乌猪产仔多、母性好等特性,广泛开展了二元和三元杂交,因地制宜推广“大金”“长金”和“杜长金”等杂交品种。金华两头乌猪杂交利用繁育体系将金华两头乌母猪分成两群:第一群为纯种猪核心群,第二群为杂交生产群,如东阳市把市良种场作为金华两头乌猪原种场,在郭宅、画水设立金华两头乌猪繁育基地和13个乡(村)育种点,生产长金二元杂交母猪供应广大农村养猪专业户。金华两头乌猪的杂交利用使金华两头乌猪品种得到了较好的保存和利用,特别是金华两头乌猪处于低迷时期,二元杂交母猪及二元、三元杂交商品猪最大限度地降低了金华两头乌猪养殖场的经济损失,让他们挺过了最艰难的时期。

(三)品牌建设、保护和全产业链组建

市场的走向一直都是瞬息万变的,金华两头乌猪因肉质鲜美、风味独特又成为消费者追求的目标,金华两头乌猪肉专卖店如雨后春笋般遍地开花,带动了金华两头乌猪的饲养量。2013年,“金华两头乌猪”获得农产品地理标志登记保护,金华市政府主导开启了金华两头乌猪提品质、创品牌之路,并屡获认可。2015年10月,“金华两头乌猪”从全国1 700余家农产品地理标志产品中脱颖而出,获评“全国首批国家级农产品地理标志示范样板”;2016年6月,“金华两头乌猪”被国家工商总局认定为地理标志证明商标;2017年5月,“金华两头乌猪”被认定为“首批中欧农产品地理标志互认产品”;同年9月,“金华两头乌猪”入选全国首届农民丰收节“100个品牌农产品”,被认定为“2017中国百强农产品区域公用品牌”;2020年9月,欧盟理事会正式签署《中欧地理标志协定》中,“金华两头乌猪”作为唯一的猪肉类畜种入选,成为受欧盟保护的中国首批地理标志。

在加强品牌建设的同时,相关部门也非常重视品牌宣传,增强金华两头乌猪品牌影响力。如“金华两头乌猪”卡通形象被确定为浙江省第二届体育大会吉祥物;在2016年的G20杭州峰会上,招待晚宴中的历史名菜“东坡肉”即选用“金华两头乌”猪肉烹调而成；在杭州（国际）未来生活节、华东农交会和浙江省农博会等展会上，都专门设置“金华两头乌猪”主题展馆，宣传推介金华两头乌猪产业及品牌，参展企业的金华两头乌猪鲜肉及相关肉制品斩获了多个“金奖”及著名商标等荣誉称号。

组建金华两头乌猪从保种、选育、饲料、肉制品加工和农牧结合等全产业链平台（图 2-15），由浙江加华种猪有限公司（国家级畜禽遗传资源保种场）、金华家农两头乌种猪场（省级畜禽遗传资源保种场）、东阳市畜牧兽医联站（省级畜禽遗传资源保种场）、浙江金华熊猫猪猪两头乌产业发展有限公司（牧旅文化）、浙江大飞龙动物保健品股份有限公司（疫苗生产）、浙江大北农农牧科技有限公司（饲料加工）、金字火腿股份有限公司（金华火腿等肉制品加工）、浙江华统肉制品股份有限公司（金华火腿等肉制品加工）、浙江农信数智电子商务有限公司（猪场智能养殖控制系统研制）、浙江昌农农牧食品有限公司（商品猪饲养，图 2-16）、浙江金大康动物保健品有限公司（中兽药研发生产）、金华市农业科学研究院（浙江省农业机械研究院）（技术支撑）、金华职业技术学院（技术支撑）、金华市畜牧农机发展中心（金华两头乌猪地理标志产品监管管理）等多家单位组成。

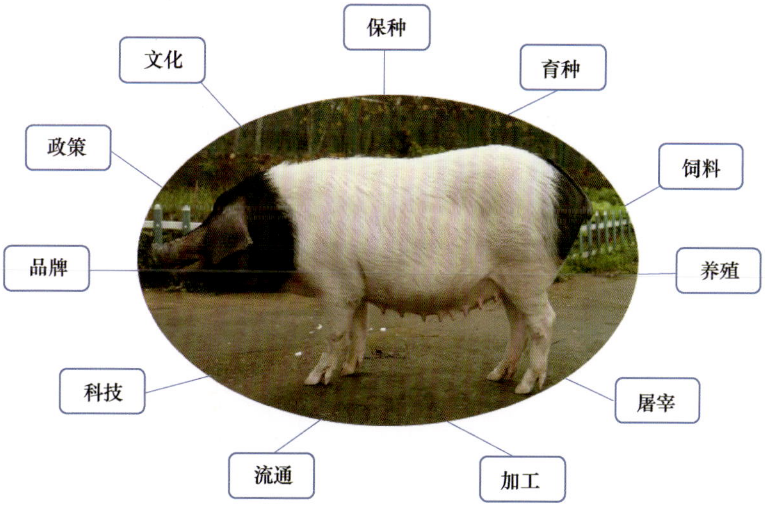

图 2-15 金华两头乌全产业链平台建设示意图

（本图由本书全体编写人员提供）

（四）加大科研投入

保种的目的是更好地开发利用，在各级政府部门的大力支持下，广大科研工作者积极争取科研项目，开展金华两头乌猪优质种质资源挖掘及开发利用等研究，并以科研经费及生物技术保种等形式弥补金华两头乌猪保种经费的不足。自 2000 年以来，争取立项有关金华两头乌猪科研项目 50 余项，政府投入科研及产业发展经费 1 亿元以上，在金华两头乌猪成纤维细胞培养、卵母细胞体外成熟、核移植等生物技术保种上取得了新突破。

图 2-16　金华两头乌猪全产业链中生态规模猪场

（照片由浙江昌农农牧食品有限公司提供）

图 2-17　金华两头乌猪肉

1. 精液冷冻保种

冷冻精液可使猪的精液不受公猪疾病、死亡和其他因素的限制，并可长期保存，促进金华两头乌猪优良品种资源的保护，最大限度地延长品种的使用寿命。截至 2019 年 7 月，已采集保存 40 头金华两头乌公猪(24 个血统)冻精 1.26 万管。

2. 体细胞保种

采集金华两头乌猪耳组织样品，分离、培养体细胞，并低温冷冻保存。该方法无论公、母都可用保存、繁殖，将个体的优良性状得以延续。目前，金华市已冷冻体细胞 680 管，并于 2020 年 11 月 19 日、22 日，在浙江东阳市金华两头乌猪保种场内，2 头代孕母猪顺利产下首批 11 头冷冻体细胞克隆纯种金华两头乌猪。

第三章 金华两头乌猪等地方猪种种质资源遗传评估

浙江省具有丰富的地方猪种，一个品种就是一个基因库，从分子层面对这些猪种进行遗传评估，有助于这些品种的开发利用。浙江大学徐宁迎科研团队采用简化基因组测序(GGRS)技术对浙江省优质猪种如金华两头乌猪等 7 个地方猪种进行遗传评估。

陈究成、徐宁迎(2016)对浙江省地方猪群体遗传结构研究，浙江地方品种猪的种质特性包括两个方面：一是所有与生产性能有关性状的数量遗传特性，二是与生产性能有关性状的分子遗传特性，只有完整地清楚这两方面的种质特性，才能在新品种的培育中快速取得成功。数量性状的表型是内在分子特性与环境的互作结果。从分子水平弄清品种特性，才可谓真正地弄清了品种的特性。采用简化基因组测序技术研究这些地方品种猪的分子遗传特性，从分子水平揭示这些地方品种猪的特性，为这些地方品种猪的保护、开发和利用提供依据。

从 1994 年起，国内外总共发表了 283 篇关于浙江省地方猪种质资源的文章，分别报道了地方猪 577 个不同性状的 6 390 个 QTLs，这些 QTLs 主要集中在猪的肉品质、健康、生产性状及外表形态等方面。

第一节　遗传信息分析

一、分析种群

本书分析了金华两头乌猪、嵊县花猪、嘉兴黑猪、岔路黑猪、淳安花猪、兰溪花猪、碧湖猪等品种保种核心群系谱及群体的遗传结构，另有三个外来猪种作为参照。

二、技术方法

建成高通量、低成本的单核苷酸多态性(SNP)检测技术平台，获得这些地方猪种及外来猪种的 SNP 数据库及基于全基因组 SNP 的品种划分结果和鉴别依据。

（一）GGRS 简化基因组技术路线

GGRS 平台的技术流程见图 3-1。

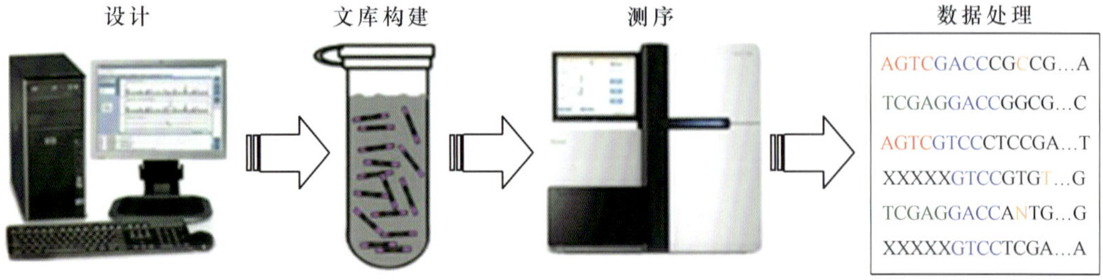

图 3-1　GGRS 平台的技术流程示意图

测序完成后进行数据的初级分析和高级分析。

（二）基因组文库构建

基因组 DNA 测序文库构建基本流程见图 3-2。

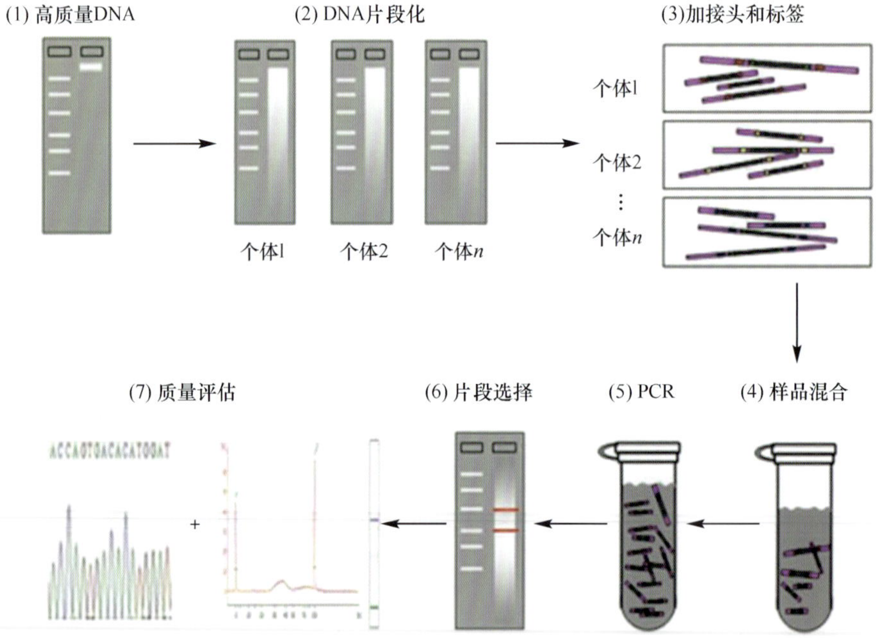

图 3-2　基因组 DNA 测序文库构建基本流程示意图

（三）高通量测序技术路线

测序文库通过质量控制后进行简化基因组测序，GGRS 测序平台为 Illumina 公司的 Hiseq2000。GGRS 测序方法为 Paried-end 测序，即 DNA 片段两端各测一个 Read。

Hiseq2000 平台的测序过程是一个高度集成、受测序程序控制(Sequencing control software,SCS)的过程。测序试剂的加载(Loading Reagents)、碱基的掺入(Base incorporated)、信号的检测和采集(Detecting signal)、染料及终止子的去除(Cleave terminator and dye)等过程均无须操作人员过多干预,详细测序方法可参考 Illumina 公司双端测序使用手册(Paried-end sequencing user guide)。

桥式 PCR 的反应过程与普通 PCR 过程类似,均需模板、变性、退火和延伸过程。二者的主要区别在于桥式 PCR 的扩增过程需要形成一个拱形桥的形状,故称为桥式 PCR,桥式扩增法成簇的基本原理见图 3-3。

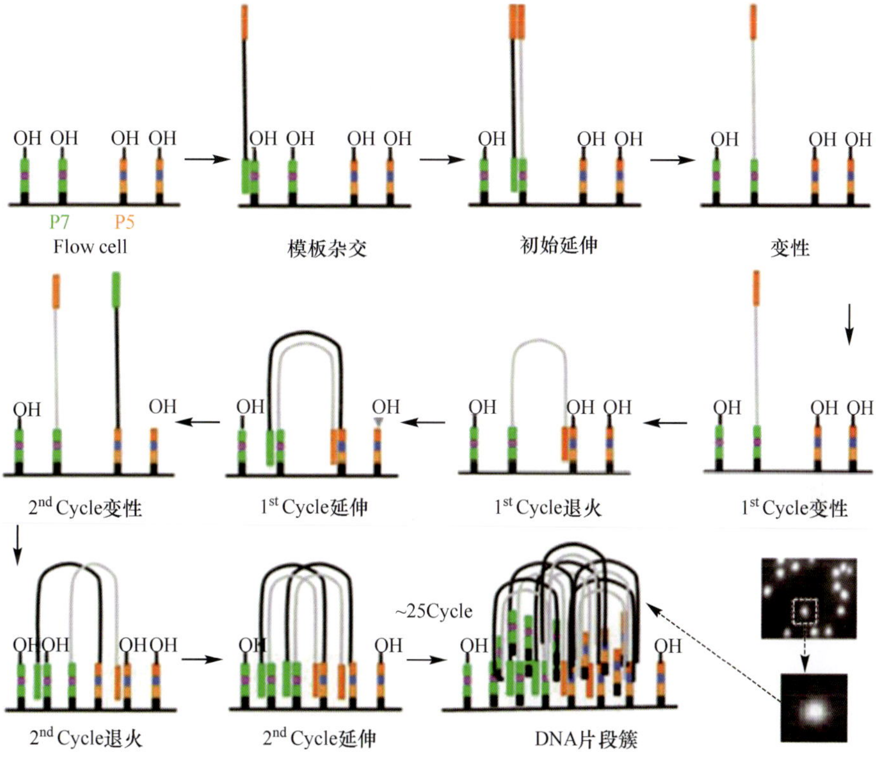

图 3-3　桥式扩增法成簇的基本原理

桥式 PCR 扩增成簇的基本过程是:①测序芯片(Flow cell)上固化两种类型的寡核苷酸链 P5 和 P7;②将加上 adapter 的目的片段(Fi)与芯片 P7 进行杂交;③以 Fi 为模板进行初始延伸生成扩增链(Fp7);④初始延伸后变性,Fi 与 Fp7 分离;⑤桥式扩增开始,第一个循环变性;⑥第一个循环退火;⑦第一个循环延伸;⑧第二个循环变性;⑨第二个循环退火;⑩第二个循环延伸;⑪经过大约 25 个循环,形成 DNA 片段簇。

1. 边合成边测序

簇生成过程结束后，进行边合成边测序过程。所谓边合成边测序是在测序过程中基于 PCR 的扩增原理，以簇 DNA 分子为模板进行 PCR 扩增，每个模板在每个扩增循环仅能掺入一个碱基。然后，根据合成链中加入碱基的颜色信号判断出碱基的类型。由于这种测序方法以新链的合成为基础，故称为边合成边测序。边合成边测序的基本原理见图 3-4。

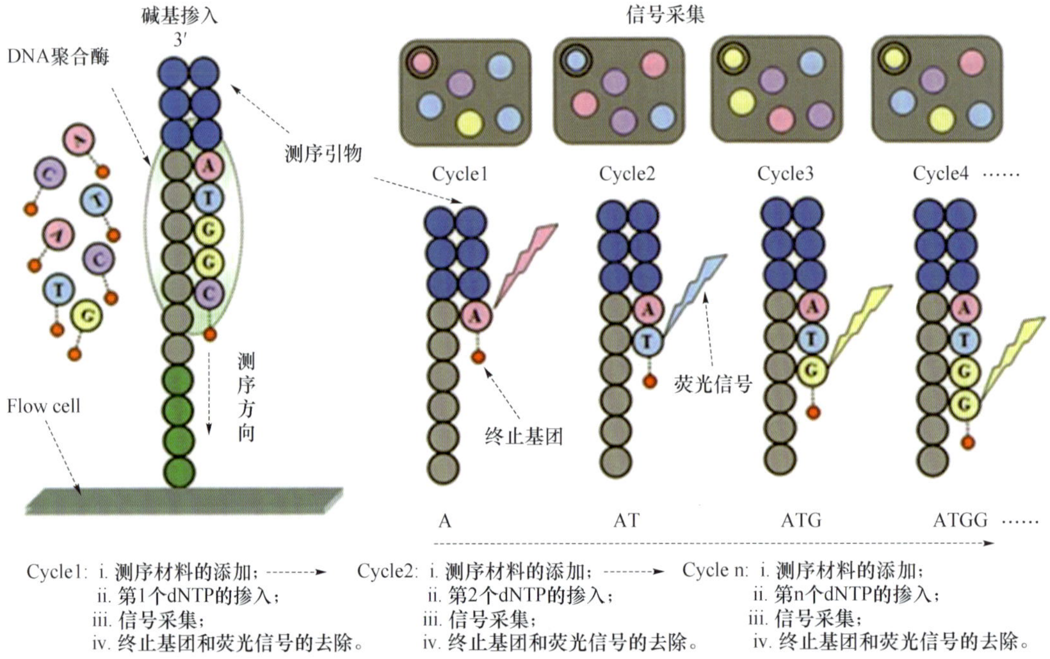

图 3-4　边合成边测序的基本原理

测序开始时，第一个测序循环：①四种 dNTPs 加入测序反应中；②与模板互补的 dNTPs 通过 DNA 聚合酶加入合成链中；③CCD 相机采集加入碱基的荧光信号；④信号采集完毕后，终止基团和荧光信号被化学去除。第二个测序循环开始，与第一个测序循环相同。当循环结束后，荧光信号被转换成碱基序列。

2. Paired-end(双端)测序

Paired-end 测序主要包括以下基本环节：①P5 线性化，用化学方法处理双链 DNA(Double strand DNA，dsDNA)克隆簇，使其一条链与 Flow cell 上的寡核苷酸的磷酸二酯键断裂，最后通过变性形成单链 DNA(Single strand DNA，ssDNA)克隆簇。线性化是测序前 dsDNA 转变成 ssDNA 的第一步。②3′末端封闭，用 ddNTP 将线性化的 dsDNA 克隆簇的 3′-OH 末端封闭，避免测序时的非特异性扩增。③SBS3 测序引物杂交，将末端封闭的 dsDNA 变性后形成 ssDNA，然后将 SBS3 测序引物杂交到线性化克隆簇上。

④Read1 测序，根据上述边合成边测序原理进行 Read1 的测序。⑤Read2 测序前准备，Read1 测序完成后，进行 Read2 测序前需要进行 Read1 和 SBS3 测序引物等序列的去除、P5 链重新合成、P7 链线性化、3′末端封闭以及 SBS8 引物杂交等过程，与 Read1 测序前准备类似。⑥Read2 测序，Read2 测序前准备完成后进行 Read2 测序，其测序过程与 Read1 测序基本相同。Paired-end 测序基本原理见图 3-5。

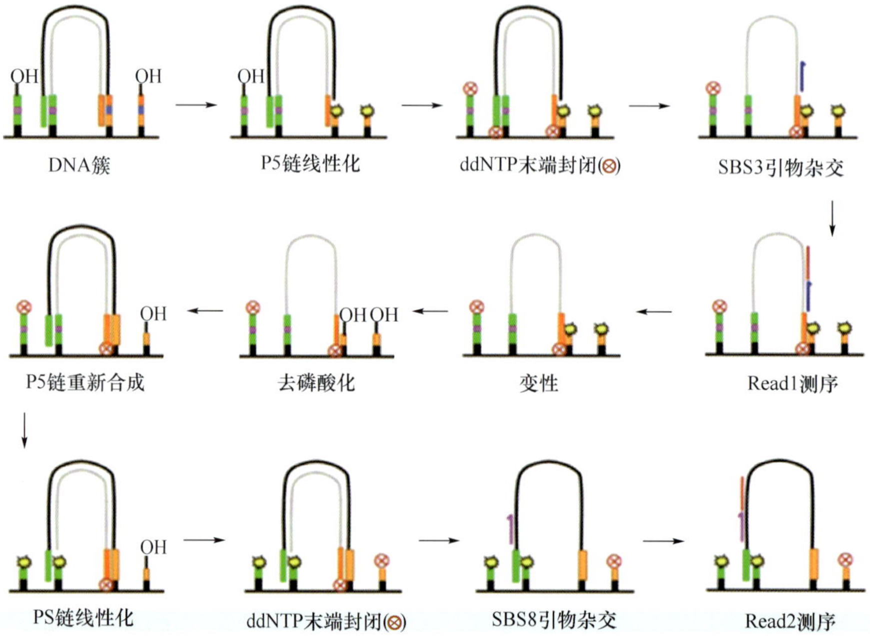

图 3-5 Solexa 平台 Paired-end 测序基本原理

Paired-end 测序包括 Read1 和 Read2 测序，首先进行 Read1 测序，然后进行 Read2 测序。两个 Reads 的测序过程基本相似，都包括 DNA 链的线性化处理、3′末端 ddNTP 封闭、测序引物杂交和边合成边测序。不同的是 Read1 测序使用 SBS3 测序引物，Read2 测序使用 SBS8 测序引物。在 Read1 测序完成后进行 Read2 测序前，需要进行测序链的重新合成。

三、数据处理技术

GGRS 平台的数据处理是指测序完成后对数据进行的生物信息学处理和统计分析，包括图片获得、碱基识别（Base calling）、Reads 分类（Read classifying）、数据过滤（Data filtering）等内容。GGRS 平台数据处理的整个分析基本流程见图 3-6。

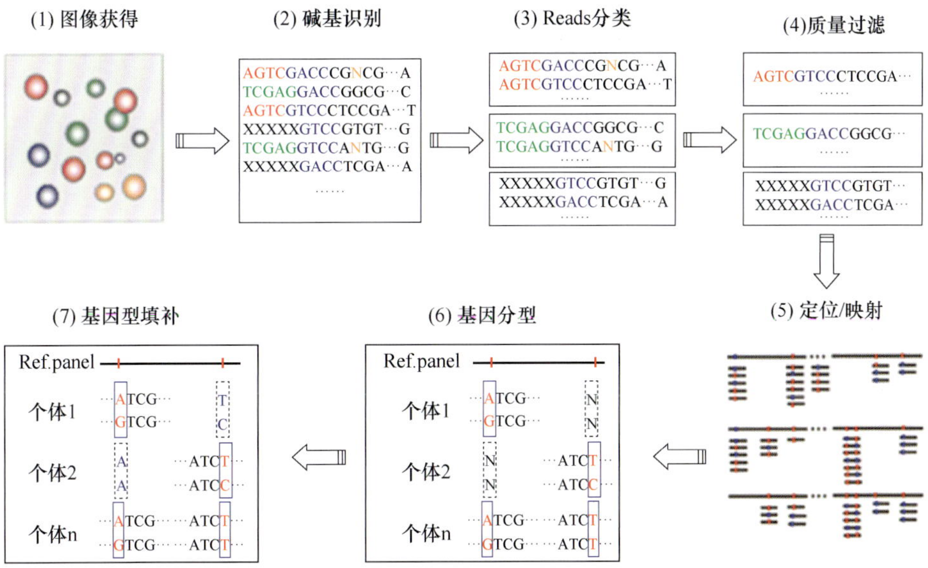

图 3-6　GGRS 平台数据分析基本流程

数据处理包括图像获得、碱基识别、Reads 分类、质量过滤、定位/映射、基因分型和基因型填补。①簇和簇密度信号通过 Firecrest 被识别和提取出来；②Bustard 软件将簇密度信号转换成碱基；③每条 Reads 根据所携带的 barcode 分配给个体；④低质量的数据被过滤掉；⑤高质量 Reads 通过 BWA 软件定位到染色体上；⑥能够定位到染色体上的 Reads 被用来进行基因型判定；⑦使用数据缺失填补软件如 iBLUP 和 Beagle 等对缺失基因型进行填补。

第二节　遗传信息研究结果

一、样本信息

浙江大学浙江省地方猪种质资源遗传信息评估课题组以 10 个猪种共 517 头猪作为实验动物，其中浙江省地方猪包括金华两头乌猪、淳安花猪、嵊县花猪、淳安花猪、兰溪花猪、碧湖猪和岔路黑猪 7 个品种共计 390 头。外国猪包括长白、大白、杜洛克 3 个品种共计 127 头(表 3-1)。其中，本次实验包含地方猪 361 个样品、外国猪 127 个样品和来自上海交通大学潘玉春团队实验室(现为浙江大学潘玉春团队实验室)的嘉兴黑猪 29 个样品的测序数据。

表 3-1　实验样本信息

品种	缩写	产地	公猪	母猪	总计
浙江省地方猪					390
嘉兴黑猪	JX	浙江省嘉兴各县	21	70	91
岔路黑猪	CL	宁海县和岔路县	15	30	45
淳安花猪	CA	浙江省淳安县	9	50	59
嵊县花猪	SX	嵊县和新昌县	12	56	68
金华两头乌猪	JH	金华市东阳县	9	48	57
兰溪花猪	LX	兰溪县永亭乡	4	36	40
碧湖猪	BH	丽水碧湖镇	2	28	30
外国猪					127
杜洛克	DD	上海祥鑫畜禽有限公司	10	40	50
长白	LL	上海祥鑫畜禽有限公司	7	30	37
大白	YY	上海祥鑫畜禽有限公司	10	30	40
猪个体总数					517

二、DNA 测序文库构建

高质量的基因组 DNA 是文库成功构建的前提，图 3-7A 是基因组 DNA 提取的 DNA 琼脂糖凝胶电泳图。由此图所见，基因组 DNA 比较完整，电泳条带清晰且无弥散现象。

使用限制性内切酶 *Ava* Ⅱ 对猪基因组 DNA 进行限制性酶切，图 3-7B 是消化结果。由图可见，限制性片段弥散较为均匀，无明显特异性切割条带。割胶回收 300～400 bp 范围内的片段，送至晶能生物技术（上海）有限公司测序。

三、测序结果内容

本次 GGRS 基因组文库构建个体一共包括浙江省地方猪品种 7 个共 361 个样品。一个 Lane（表示测序芯片上的一条流通槽，测序文库与试剂均在里面，测序信号的扫描也是按照一条 Lane 上的一个 tile 进行。）设计的是 84 个样品，因此 361 个样品一共需要 5 个测序 Lane，表 3-2 是每个 Lane 对应的猪种个体。

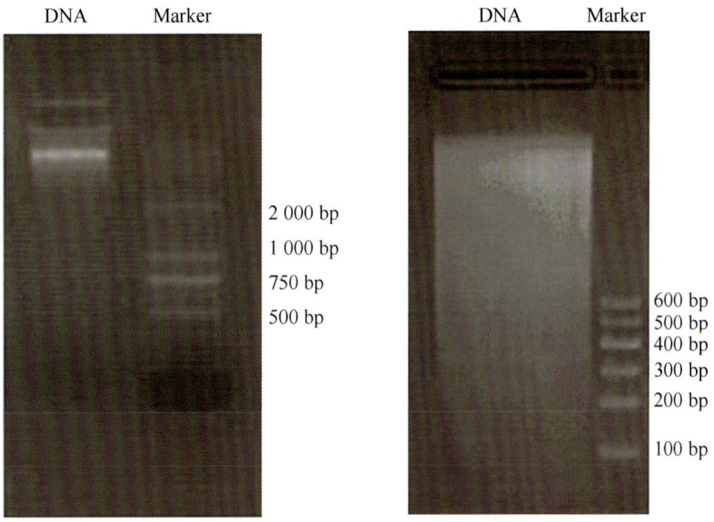

(A) 基因组DNA　　(B) 基因组DNA酶切产物

图 3-7　琼脂糖凝胶电泳分析

表 3-2　每个测序库样品分布

库编号	碧湖猪 BH	淳安花猪 CA	岔路黑猪 CL	金华两头乌猪 JH	嘉兴黑猪 JX	兰溪花猪 LX	嵊县花猪 SX	总计
1			22		62			84
2			23	57			4	84
3							64	64
4	30	14				40		84
5		45						45
总计	30	59	45	57	62	40	68	361

用 NGSQC 软件处理后，统计了原始 reads 在除去 primer/adaptor 污染序列前后的测序质量。Reads 是测序最基本的单位，Reads 数量的大小、分布是测序质量最直接的体现，数据量越大(Raw size，RS)，原始片段数(Raw reads，RR)和有效片段(Good reads number，GRN)的比例越高，引物污染(Prime contaminated，PC)越少，则说明测序质量越好。

图 3-8A 是每个碱基位置的平均测序质量分布，由图可见原始 reads 每个位置碱基平均质量得分均大于 Q20(红色曲线)，该位置碱基测得的正确率大于 99%。经过污染序列的过滤之后(绿色曲线)，在 R1 端(图 3-8A)碱基平均质量得分基本在 Q30 以上。相对于 R1 端，R2 端(图 3-8B)的污染较少，但是碱基平均质量得分稍低，原因在于测序仪器在测序过程中，随着时间推移荧光染料信号有所降低而导致测序信号的检测准确度略有降低。

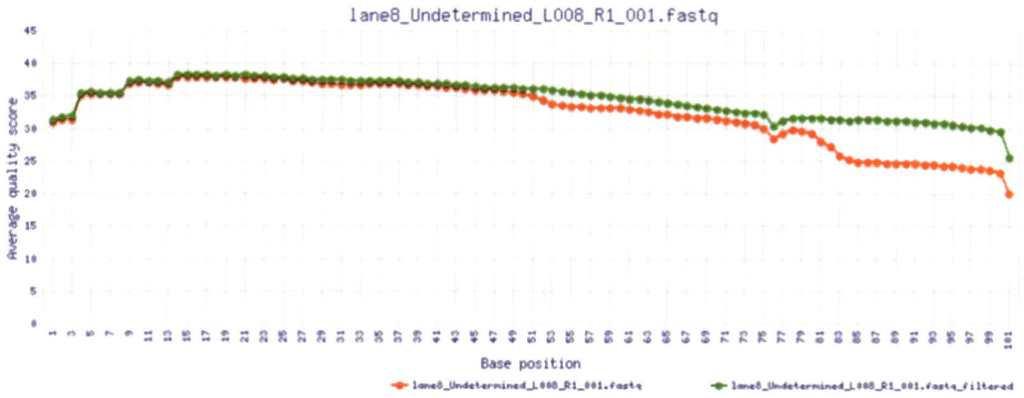

(A) R1端碱基测序质量

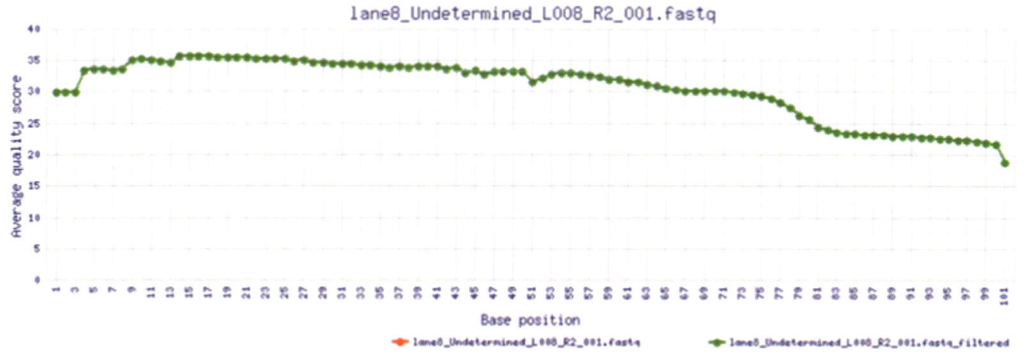

(B) R2端碱基测序质量

图 3-8　碱基测序质量分布

本次测序共计得到数据量 158.3 Gb,平均每个库 31.7 Gb,其中 2 号库最多达到 36.7 Gb,4 号库最少只有 25.8 Gb。原始片段总数 1 711 176 996 条,平均每个库 342 235 399条。将所有的片段按照 84 个 Barcode 序列归类,得到 84 个样本的 Read 数分布信息,并对每个测序库中的最大片段数个体(*Max*)、最小片段数(*Min*)以及变异系数(*CV*)做了统计,其中 1、2、3 号库的变异系数约为 50%,说明每个个体片段数分布较为平均,而 4 号库和 5 号库的变异系数非常大,分别达 218%和 163%,其主要原因是有一个个体的 Reads 数特别高,4 号库中有一个样本的 Reads 数占到整个基因文库的 23%,而 5 号库有一个样本占到整个基因文库的 17%,将这 2 个个体剔除之后,4 号库和 5 号库的变异系数分别为 106.3%和 64.7%,趋近均匀分布的状态。其原因有可能是在 DNA 加样的过程中产生的误差,或者是 Adapter-barcode 的序列不同导致的扩增效率不同。表 3-3 是 5 个测序库的 Reads 的具体分布。

表 3-3　测序数据量在各个测序库分布

库编号	数据量 RS(Gb)	原始片段数 RR	有效片段 GRN	最大 *Max*	最小 *Min*	平均 *Ave*	变异系数 CV/%	引物污染 PC/%	GR/%
1	33.0	397280130	296089340	8531981	556465	3524873	46.4	12.5	74.5
2	36.7	349258306	280868561	7871641	591982	3343673	46.0	13.6	80.4
3	34.4	364116386	279768545	8156456	574563	3330578	50.5	9.2	76.8
4	25.8	285128266	246911513	56871675	10052	2939423	218	10.5	86.6
5	28.4	315393908	258098522	46049734	33582	3072601	163	14.0	81.8
平均	31.7	342235399	272347296	—	—		—	—	—
总计	158.3	1711176996	1361736481	—	—		—	12.0	80.2

注:3 号库和 5 号库包含了其他猪的样本,为了考虑基因文库质量的完整性,所以一并加入计算讨论。

在整个测序之中,测序覆盖度(Coverage)是指每个个体测到的基因组总碱基数占基因组总碱基数的百分比,测序深度(Depth)是指基因组上的同一位置被测到的次数。测序深度的计算方法为每个个体测到的高质量 Reads 数与位置唯一的 Reads 数的比值。表 3-4 是 5 个测序库的个体测序覆盖度,5 个文库的平均测序覆盖度大约为整个基因组的 1.7%,测序深度约为 5×。其中在 4 号库和 5 号库中,某些样本测得的数据非常少,因此降低了文库的平均覆盖度,当将测序覆盖度低于 0.05%的个体剔除之后,4 号库和 5 号库的平均测序覆盖度为 2.1%和 2.4%。

表 3-4　测序覆盖度和深度在各个测序库的分布

项目	1 号库	2 号库	3 号库	4 号库	5 号库
最小测序覆盖度 Min Coverage/%	0.43	0.59	1.53	0.01	0.03
最大测序覆盖度 Max Coverage/%	2.73	2.09	4.03	2.96	2.73
平均 Average/%	1.55	1.40	2.90	1.62	1.61
最小测序深度 Min Depth/×	3.7	3.8	3.8	2.5	2.7
最大测序深度 Max Depth/×	8.2	8.6	8.6	18	23
平均 Average/×	5.9	6.2	3.1	3.9	4.7

群体测序质量:考虑到单个测序库中并不是同一个群体的样本,因此将样本根据群体整理之后重新计算了不同群体 Reads 数、测序覆盖度和测序深度。平均每个群体的平均测序覆盖度从 1.0%(兰溪花猪)到 4.0%(长白),浙江省地方猪的平均覆盖度为 1.82%,其中嵊县花猪最高,达到 2.7%。平均测序深度为 6.1×,浙江省地方猪的平均测序深度为 4.8×。

四、基因组遗传变异检测

浙江省地方猪 SNP 检测结果:依据材料方法部分给出的 SNP 检测标准,对样品进行了过滤，共有 491 个样品经过筛选进行后续 SNP 分型（表 3-5）。由表 3-6 可见，部分 SNP 信息如 SNP1 在猪第 1 号染色体，第 2 996 个碱基，由 A 变为 G。经过填补和质控后，共计得到 152 006 个 SNP 位点，其中最小等位基因频率（Minor Allele Frequency, MAF）＜0.05 共计 11 048 个，哈迪-温伯格平衡检验（Hardy-Weinberg Estimation, HWE）＞10^{-6}共有 32 355 个。将以上位点过滤之后，最终得到分型完的 SNP 标记共计 108 603 个（表 3-6）。

表 3-5　分型样本

品种	简称	公猪	母猪	总计	过滤个数
浙江省地方猪				368	22
嘉兴黑猪	JX	21	68	89	2
岔路黑猪	CL	15	29	44	1
淳安花猪	CA	9	50	59	0
嵊县花猪	SX	12	55	67	1
金华两头乌猪	JH	9	48	57	0
兰溪花猪	LX	3	21	24	16
碧湖猪	BH	2	26	28	2
外国猪				123	4
杜洛克	DD	10	39	49	1
长白	LL	7	30	37	0
大白	YY	7	30	37	3
猪个体样品总数				491	26

表 3-6　部分 SNP 信息

Mark	染色体	位置/bp	参考基因组	等位基因
SNP1	1	2 996	A	G
SNP2	1	3 014	T	A
SNP3	1	4 396	C	A
SNP4	1	4 370	C	A
SNP5	1	4 981	G	T

SNP 在染色体上分布：进一步统计了 SNP 在染色体上的数量和密度分布，图 3-9 和图 3-10 显示了 SNP 位点个数在染色体上的详细分布结果。由图 3-9 可知，SNP 的数量和染色体的长度相关，染色体长度越长，相应的变异数量就越多。其中，2 号染色体上数目最多，有 9 883 个 SNP；X 染色体最少，有 3 105 个；Y 染色体上没有测到 SNP 位点。图 3-10 中，SNP 在染色体上的密度不均一，其中相比于其他染色体，12 号染色体上的密度最大，达到 7.7 个/100 kb；X 染色体上密度最小，只有 2.4 个/100 kb；在常染色体中，

1号染色体密度最小，只有3.3个/100 kb(表3-7)。

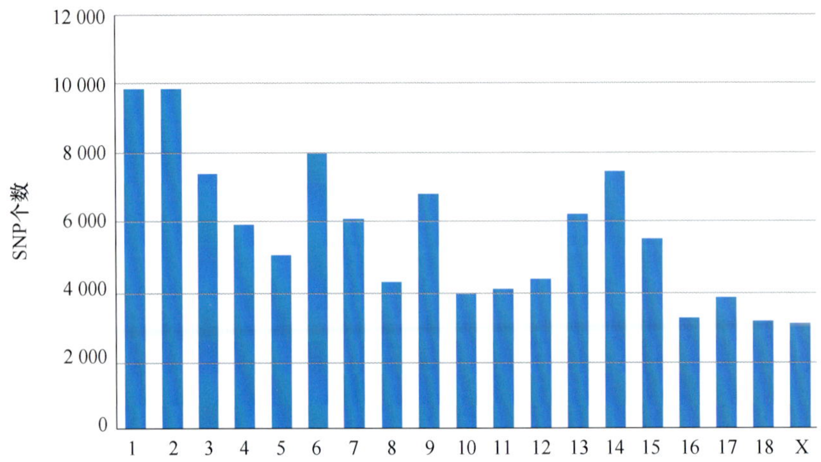

图3-9　SNP位点个数在染色体上的分布

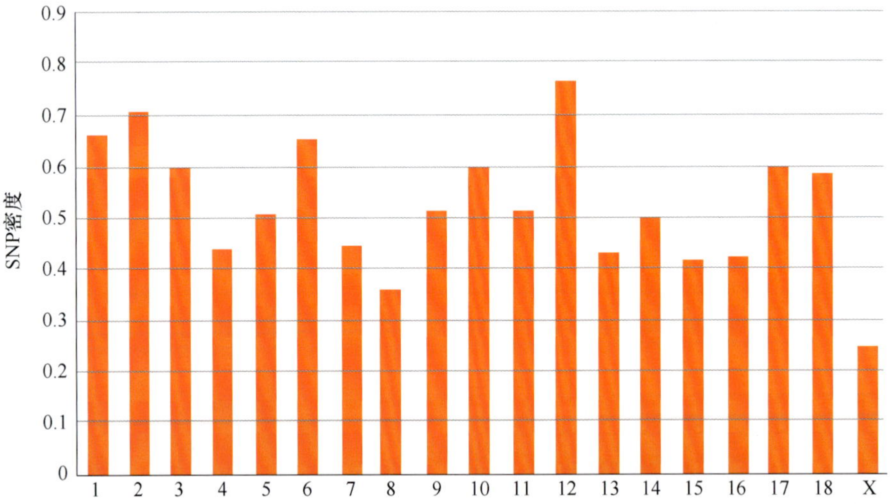

图3-10　SNP在染色体上密度分布

表3-7　SNP在染色体上分布

染色体	长度	数量	密度/(个/100 kb)
1	315321322	9 846	3.3
2	162569375	9 883	7.1
3	144787322	7 400	6.0
4	143465943	5 982	4.4
5	111506441	5 081	5.1

续表 3-7

染色体	长度	数量	密度/(个/100 kb)
6	157765593	8 031	6.5
7	134764511	6 097	4.5
8	148491826	4 325	3.6
9	153670197	6 818	5.1
10	79102373	3 983	6.0
11	87690581	4 092	5.1
12	63588571	4 399	7.7
13	218635234	6 228	4.3
14	153851969	7 500	5.1
15	157681621	5 547	4.1
16	86898991	3 260	4.2
17	69701581	3 844	6.0
18	61220071	3 182	5.9
X	144288218	3 105	2.4
Y	1637716	0	0
合计	2596639456	108 603	4.8

图 3-11 是 MAF(所有的 SNP 的最小等位基因频率)密度分布。MAF 分布主要集中在 0.05～0.15 范围内，占到总数的 64.4%，其中 0.05～0.1 范围占到总数的 44.7%。

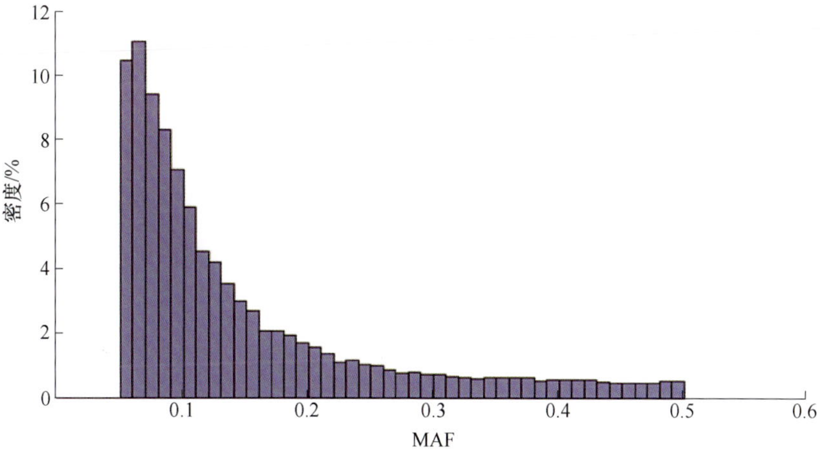

图 3-11　MAF 的分布

考虑到每个群体内 SNP 的数量不同，在原来的基础上，去掉群体内最小等位基因频率(MAF)<0.05 的 SNPs，统计出了 SNP 在不同群体内的分布。其中，嵊县花猪 SNP 标记数最多，达到 74 683 个；碧湖猪最少，只有 55 249 个，只占到总体 SNP 数的 50.9%。

SNP 在群体内的分布也说明了群体遗传多样性的程度，在浙江省地方猪中，金华两头乌猪、嵊县花猪和淳安花猪多样性程度较高，而碧湖猪、兰溪花猪和岔路黑猪的多样性程度较低。

在得到浙江省地方猪群体内 SNP 分布后，进一步统计了每个群体内 SNP 的最小等位基因频率分布差异。图 3-12 是各个群体 MAF 的分布，不同群体的 SNP 中 MAF 的分布情况大致相同，只有碧湖猪的分布情况有差异，在 0.4～0.5 的范围内仍有较高频数的分布。和总体 SNP 的 MAF 分布一样，地方猪群体内的 MAF 主要也集中在 0.05～0.2 这个区间内，其中嵊县花猪占 SNP 总数的 65.3%，碧湖猪占 SNP 总数的 37.8%。

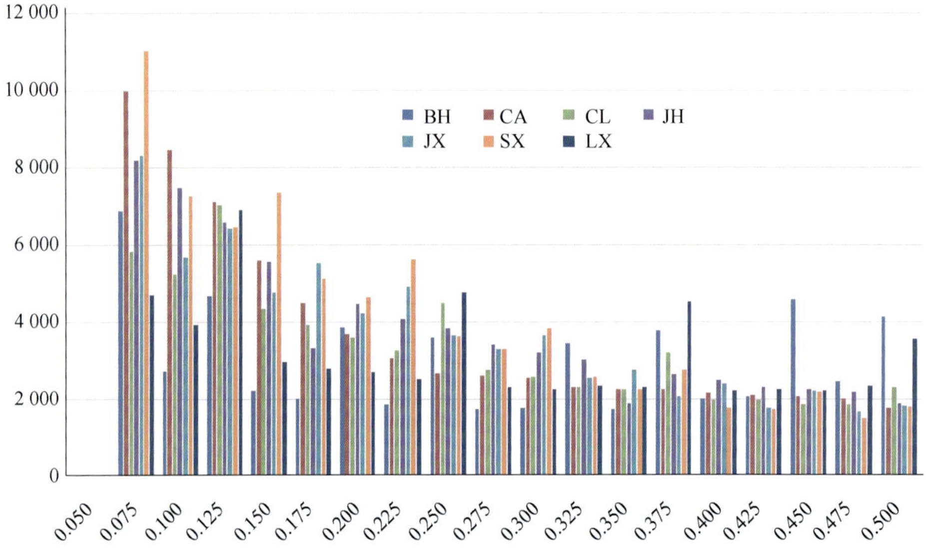

图 3-12 各个群体 MAF 的分布

群体内特异 SNP 是指某个等位基因只在一个群体内出现，而在别的群体内没有发现。当这些特异 SNP 具有较高的频率时（$P>0.5$），认为这些 SNP 可以作为鉴别这些种群的 TargetSNP，并可利用这些位点在今后的群体鉴定中作为分类的依据。浙江省地方猪群体中，共发现特异 SNP 位点 195 个，其中基因频率大于 0.5 的 SNP 有 34 个。

五、基因区间映射

利用 Perl 脚本，将获得的 SNP 和已经下载的猪的基因注释信息数据进行映射，得到 SNPs 在基因组上的区间分布。根据基因的不同功能，将基因区间分为基因间和基因内两类，基因内按基因的结构区域分类又包括起始/终止密码子、外显子、内含子、UTR 区。SNP 映射结果得到 SNP 在基因内的数量为 34 293 个，占 SNP 总数的 31.6%。其中分布在内含子上的 SNP 有 20 158 个，占 SNP 总数的 18.6%。绝大多数 SNP 分布在基因间，约占总数的 68.4%。在基因内的 34 293 个位点中，大多数分布在内含子上，占到基因内位点总数的 58.8%，另一部分分布在 UTR 区，占 33.9%，只有少部分分布在外显子和起始/终止密码子上，分别占到 7.3%和 0.03%。

六、群体结构与遗传多样性

SNP 筛选是指用 108 603 个分型 SNP 位点参与后续分析。不同的分析对 SNP 位点的 MAF 频率要求不同，SNPs 和个体的筛选条件通常从遗传多样性（MAF＞0.2）、遗传距离（MAF＞0.1）、PCA（MAF＞0.05）、群体分化（MAF＞0.05）、连锁不平衡分析（MAF＞0.1）、遗传结构（MAF＞0.1）来进行。

遗传多样性是基于群体内部 SNP 频率差异进行计算，群体内大量的低频率 SNPs 会大大降低评估的准确性，因此在进行群体多样性计算时对群体内 SNP 进行了二次筛选，筛选条件为 MAF＞0.05。遗传多样性计算结果见表 3-8。

表 3-8　遗传多样性计算

品种	A_R 基因丰度	P_N 多肽含量	H_E 基因期望杂合度	$^1N_{SNP}$
嘉兴黑猪	1.93	0.97	0.382	15 505
岔路黑猪	1.96	0.98	0.359	16 384
淳安花猪	1.97	0.99	0.381	15 132
嵊县花猪	1.90	0.97	0.376	15 676
金华两头乌猪	1.95	0.99	0.373	15 772
兰溪花猪	1.95	0.95	0.375	16 929
碧湖猪	1.94	0.98	0.372	15 365
杜洛克	1.91	0.88	0.389	13 279
长白	1.82	0.84	0.395	14 173
大白	1.93	0.93	0.393	14 430

注：[1] 表示群体内 MAF＞0.05 的 SNP 数。

结果表明浙江省地方猪的遗传多样性程度比外国猪要高。其中，淳安花猪的基因丰度和多肽含量都是最高（A_R＝1.97，P_N＝0.99），而长白最低（A_R＝1.82，P_N＝0.84）；外国猪的基因期望杂合度比浙江省地方猪略高，其中长白最高（H_E＝0.395），淳安花猪最低（H_E＝0.359）。

七、群体遗传距离

群体遗传距离的计算主要分以下两方面：首先，计算了不同群体内个体间的遗传距离；其次，计算了不同品种之间的个体的遗传距离，包括浙江省地方猪群体间、外国猪群体间以及浙江省地方猪与外国猪群体之间的遗传距离。结果表明，浙江省地方猪群体间平均遗传距离为 0.151，其中淳安花猪遗传距离最大（$D=0.159\pm0.02$），嘉兴黑猪遗传距离最小（$D=0.136\pm0.01$）；外国猪群体间平均遗传距离为 0.131，其中大白猪遗传距离最大（$D=0.140\pm0.02$），长白猪最小（$D=0.126\pm0.01$）；浙江省地方猪与外国猪群体之间的平均遗传距离为 0.212，较群体内遗传距离大。图 3-13 和图 3-14 揭示了在不同群体间和不同群体内遗传距离分布。

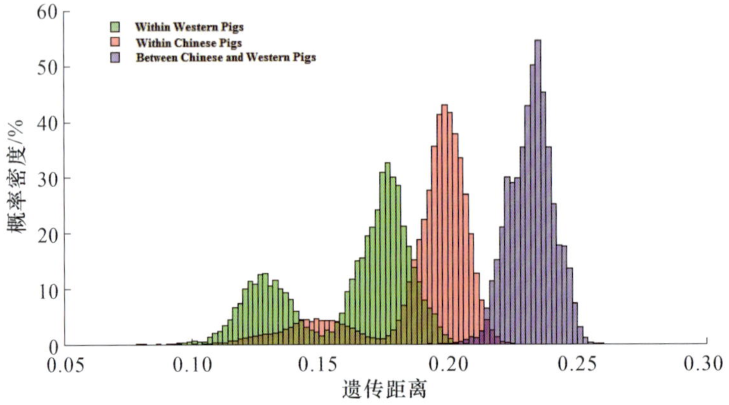

图 3-13　不同群体间遗传距离概率密度分布

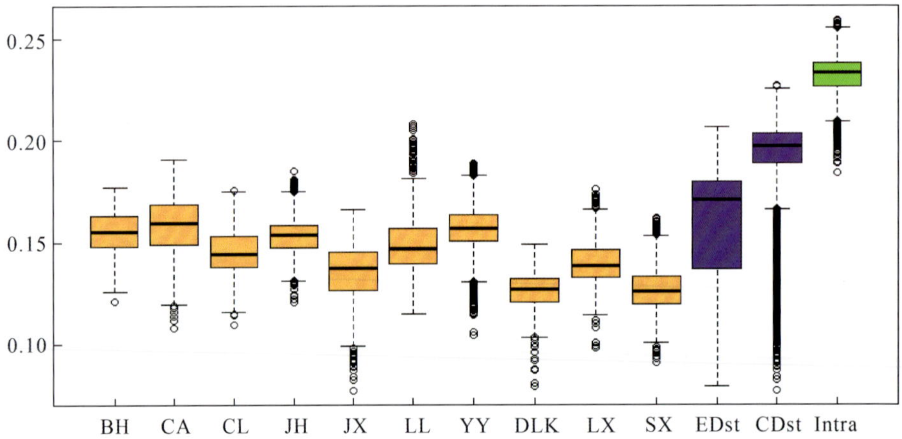

图 3-14　不同群体内的个体遗传距离分布

八、系统进化树

系统进化树（图 3-15）的结果显示，外国猪品种和浙江省地方猪品种分别在一个大枝上，证明两个不同大群之间的遗传距离较其内部群体之间遗传距离要大。在浙江省地方猪群体中，淳安花猪和金华两头乌先聚成一枝，说明这两个群体之间遗传距离较近，嘉兴黑猪距离其他地方猪群体最远；岔路黑猪个体差异较大，说明可能在保种的过程中存在外来血缘的入侵。

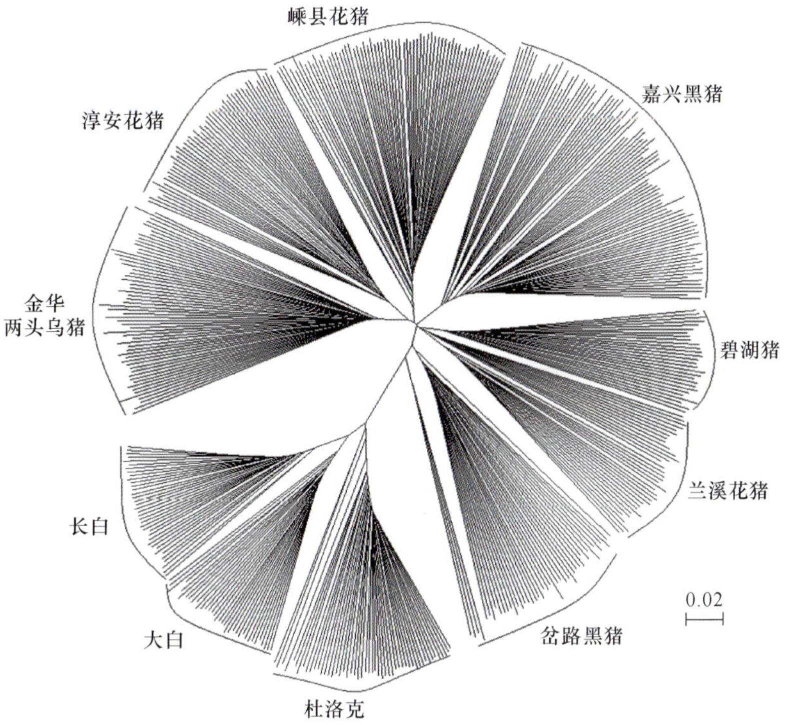

图 3-15　群体系统发生树

九、群体结构

主成分分析(图 3-16)结果表明，只用第一和第二主成分就能清楚的区分浙江省地方猪和外国猪，其中第一和第二主成分分别解释了 46.7%和 11.4%的变异。所有群体主要聚类成三部分，其中嘉兴黑猪单独聚类成一部分，相较其他浙江省地方猪之间较远，也充分验证了系统发生树的结论。其他浙江省地方猪聚类成一块，其中金华两头乌猪、嵊县花猪和淳安花猪群体内所有个体都聚类成一簇，没有分散的情况，充分说明这三个群体特异性很好，群体内部个体差异很小。岔路黑猪出现许多散点情况，可能和其血统不纯，个体之间差异较大有关。三个外国猪种聚类成一簇，也充分说明了浙江省地方猪种之间差异要大于外国猪种之间差异，也为品种划分提供了依据。

利用 STRUCURE v2.3.2 软件分析了群体遗传结构(10 000 burn in，10 000 次迭代)。结果显示(图 3-17)：当 $K=2$ 的时候，浙江省地方猪和外国猪最先形成两个群体；

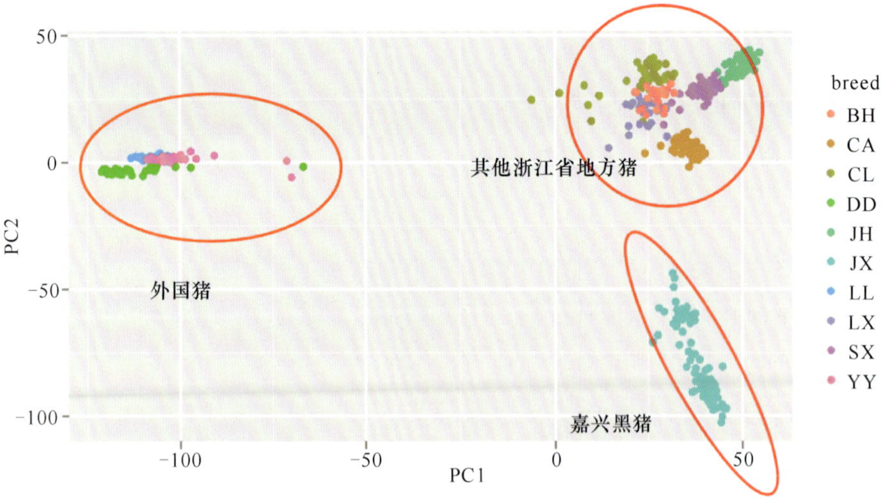

图 3-16 主成分分析结果

当 $K=3$ 的时候，嘉兴黑猪紧接着独立出来。随后独立形成的群体分别为，金华两头乌猪（$K=4$）、嵊县花猪（$K=5$）、淳安花猪（$K=6$）、岔路黑猪（$K=7$）和碧湖猪（$K=9$）。浙江省地方猪 7 个品种都能独立出来，说明其都具有自己独特的遗传结构，其中淳安花猪群体和兰溪花猪群体的遗传结构混合度很高，说明这两个群体和其他群体之间基因交流相对频繁。而当 $K=10$ 的时候，三个外国猪群体依旧未能独立出来，说明其遗传结构的混合模式非常类似。

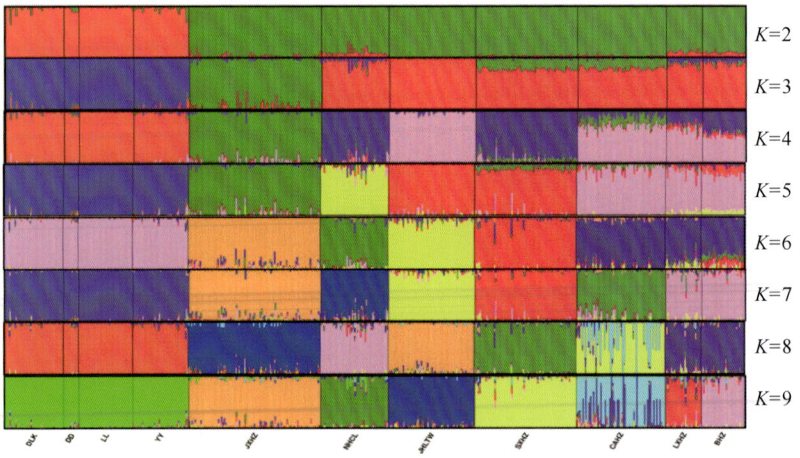

图 3-17 群体结构分析结果

十、群体分化分析

基于 10 个群体的分化结果表明，在所有群体中，大白与长白之间的群体分化程度最小，金华两头乌猪和杜洛克之间的群体分化程度最大，其中杜洛克群体与其他所有群体分化程度都很大，属于高度分化。在浙江省地方猪群体内，金华两头乌猪和淳安花猪之间的分化程度最小，嘉兴黑猪和岔路黑猪之间的分化程度最大。外国猪群体之间分化程度类似。整体而言，外国猪群体内分化程度略小于浙江省地方猪群体内分化程度，而群体内亚群的分化程度都小于大群之间的分化程度。

F_{ST}(突变负荷及固定指数)同时还能揭示群体间的正向选择，因此，认为如果某个位点的 F_{ST}值位于所有 SNPs F_{ST}值中的前 1%，那么这个点在这两个群体间发生了选择，考虑到单个位点有可能存在分型误差和测序误差，按照 50 kb 为一个单位进行划分，每个单位的 F_{ST}值等于区间内所有 SNP 位点 F_{ST}值的均值。结果显示(图 3-18)，发生选择的区域在染色体上分布均匀。其中，1 号染色体上最多，有 78 个区域；9 号染色体上最少，只有 8 个区域；X 染色体不在考虑范围内。

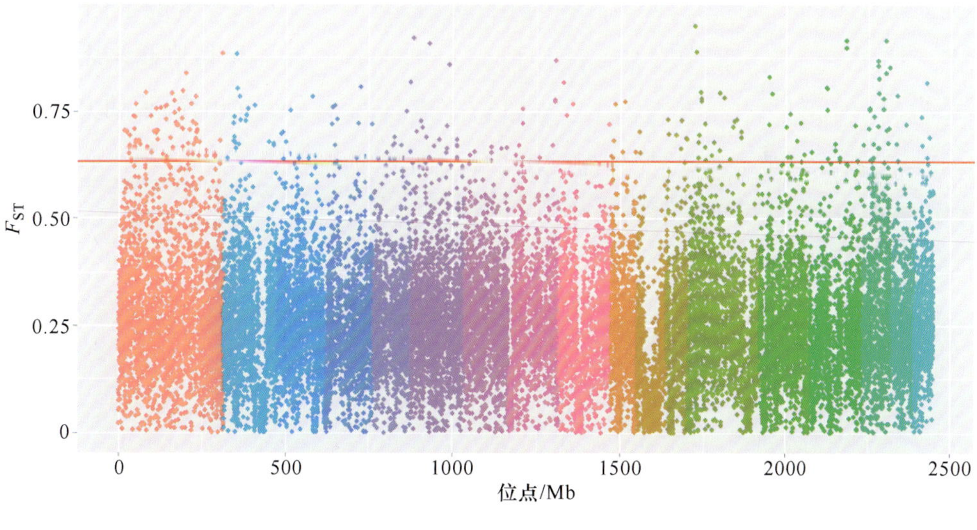

图 3-18　F_{ST}在基因组上的分布

鉴于距离超过 10 Mb 的位点之间的连锁不平衡系数已经非常低了(几乎趋近于 0)，因此在估计群体内连锁不平衡系数时，将标记间的距离范围设定为 0～10 Mb。将 10 Mb 划分为 100 kb 的间隔，分别位于计算这些标记区间中所有位点连锁不平衡系数的均值。对各群体中不同标记距离之间的 r^2(两个相邻位点之间的平均 r^2 且介于 0.5 Mb、1.0 Mb和 5.0 Mb 三个不同区间内位点的平均 r^2)进行计算：结果表明，不同群体之间的连锁不平衡程度和衰减程度也不一样，浙江省地方猪和外国猪的相邻位点之间 r^2 差异并不大，外国猪略高于浙江省地方猪。随着标记间的距离增加，浙江省地方猪的 LD 的程度大大下降，当标记间距离为 0.5 Mb 和 1 Mb 时，外国猪种平均 r^2 为 0.31 和 0.15，远远大于浙江省地方猪的平均 r^2，说明外国猪种的 LD 程度较高。当标记间距离为 0.5 Mb 时，浙江省地方猪和外国猪的平均 r^2 都已经趋近于 0，说明相距较远位点之间已经没有处于连锁状态。

当 $r^2 \geqslant 0.3$ 时，这两个位点之间处于较强的连锁状态。而当一个范围内的平均 $r^2 \geqslant 0.3$ 的时候，则认为这一个区间是一个连锁不平衡区间，区间内的标记之间都处于强连锁状态。利用 100 kb 为间隔，计算了 100 个不同区间内的平均 r^2，同时，考虑到 0～100 kb 区间内的 LD 衰减已经十分明显，再以 20 kb 为间隔，计算了 0～100 kb 区间内的平均 r^2。利用这些不同距离区间内的 r^2，根据以下公式对不同品种的 r^2 进行线性拟合。

$$LD_{ijk} = \frac{1}{1 + 4\beta_{jk} d_{ijk}} + e_{ijk}$$

式中，LD_{ijk} 是指 j 群体内区间 k 中的第 i 对位点之间的连锁平衡程度，d_{ijk} 是指这两个位点之间的物理距离，β_{jk} 是指这个区间内 LD 衰减曲线的系数，e_{ijk} 是指残差。根据线性拟合得到的系数，代入 $r^2 = 0.3$，得到品种的 LD 区间。

图 3-19 是对连锁不平衡衰减的线性拟合。由图可知，浙江省地方猪的 LD 衰减程度要远远大于外国猪，其中长白的 LD 衰减趋势最弱，金华两头乌猪的 LD 衰减趋势最强。同时，根据线性拟合结果估计了不同品种之间的 LD 区间。结果显示，外国猪的平均 LD 区间长度为 721.8 kb，而浙江省地方猪平均 LD 区间长度为 228.6 kb，远远短于外国猪的平均 LD 区间。其中 LD 区间最长的是长白，达到 752.8 kb。金华两头乌猪的 LD 区间最短，为 188.2 kb。

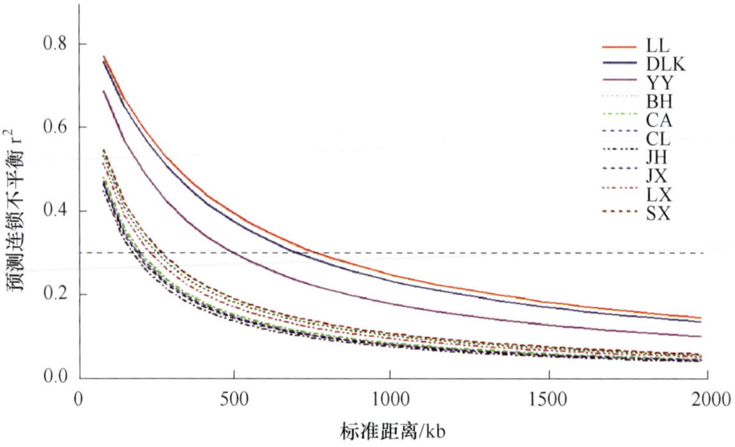

图 3-19　不同群体的 LD 衰减

十一、信号选择

在计算金华两头乌猪和欧洲猪 XP-EHH 得分的对比中，除了 3 737 个异常值，而在金华两头乌猪和其他浙江地方猪的比较得到 2 002 个显著的异常位点，这些显著位点 P 值小于 0.01，所以推断其为金华两头乌猪特有的发生正向选择的位点。通过与基因和 QTL 数据库的对比，找到了一些与经济性状基因和 QTL 重叠的位点，表 3-9 为金华两头乌猪和欧洲猪相比产生正向选择的区域，表 3-10 为金华两头乌猪相比于其他浙江省地方猪发生正向选择的区域。定义限制位点左右两端延长 50 kb 为显著的选择区，通过对比三组 XP-EHH 发生正向选择的区域，得出三组选择区的重合关系（图 3-20）。

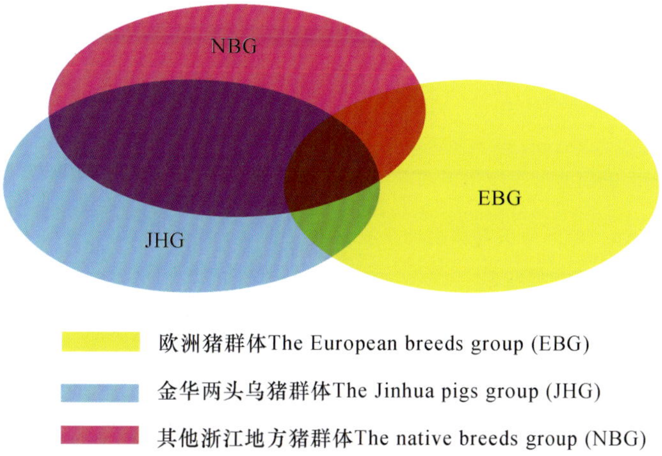

图 3-20　金华猪、欧洲猪以及其他浙江省地方猪文氏图

表 3-9　金华两头乌猪和欧洲猪相比产生正向选择的区域

Chromosome 染色体	SNP 单核苷酸多态性	Physical position 物理位置/bp	iHH in JHG 金华两头乌猪群体整合单倍型纯合性	iHH in EBG 欧洲猪群体整合单倍型纯合性	XP-EHH score 跨群体扩展单倍型纯合性分数	*P*-value 假设概率
17	1	37480252	0.296 657	0.041 288	1.972 01	0.001 584
18	2	46610677	0.066 861	0.011 28	1.779 55	0.001 882
18	3	46610677	0.066 861	0.011 28	1.779 55	0.001 882
17	4	41470877	0.227 881	0.044 721	1.628 37	0.002 38
17	5	41470877	0.227 881	0.044 721	1.628 37	0.002 38
16	6	28800049	0.318 061	0.063 165	1.616 49	0.002 434
3	7	118992710	0.214 528	0.047 17	1.514 69	0.002 996
3	8	118992710	0.214 528	0.047 17	1.514 69	0.002 996
13	9	38179233	0.181 402	0.041 391	1.477 66	0.003 216

续表 3-9

Chromosome 染色体	SNP 单核苷酸多态性	Physical position 物理位置/bp	iHH in JHG 金华两头乌猪群体整合单倍型纯合性	iHH in EBG 欧洲猪群体整合单倍型纯合性	XP-EHH score 跨群体扩展单倍型纯合性分数	*P*-value 假设概率
12	10	57475124	0.078 762	0.021 31	1.307 24	0.005 244
12	11	15069064	0.100 636	0.029 139	1.239 45	0.006 544
7	12	35145432	0.165 816	0.051 33	1.172 61	0.008 187
14	13	17533744	0.207 801	0.049 417	1.436 29	0.003 596
1	14	183962475	0.198 89	0.063 012	1.149 42	0.008 81
9	15	1264416	0.122 057	0.036 941	1.195 17	0.007 581
17	16	41045216	0.253 193	0.072 282	1.253 58	0.006 263
17	17	41045216	0.253 193	0.072 282	1.253 58	0.006 263
3	18	100097992	0.175 627	0.048 197	1.293 08	0.005 492
14	19	7517436	0.064 327	0.016 426	1.365 13	0.004 543
12	20	57475124	0.078 762	0.021 31	1.307 24	0.005 244

表 3-10　金华两头乌猪相比于其他浙江省地方猪发生正向选择的区域

Chromosome 染色体	SNP 单核苷酸多态性	Physical position 物理位置/bp	iHH in JHG 金华两头乌猪群体整合单倍型纯合性	iHH in NBG 其他浙江地方猪群体整合单倍型纯合性	XP-EHH score 跨群体扩展单倍型纯合性分数	*P*-value 假设概率
9	1	12394581	0.074 482	0.017 293 1	1.460 25	0.000 105
9	2	136263477	0.089 683	0.025 113 5	1.272 88	0.000 733
12	3	46954074	0.150 824	0.045 424 2	1.200 07	0.001 455
12	4	46954074	0.150 824	0.045 424 2	1.200 07	0.001 455
18	5	46607229	0.065 83	0.024 014 4	1.008 42	0.007 364
3	6	119056029	0.123 138	0.034 065 7	1.285 01	0.000 651
3	7	119056029	0.123 138	0.034 065 7	1.285 01	0.000 651
9	8	45926552	0.042 786	0.012 959	1.194 42	0.001 532
13	9	28600577	0.085 803	0.028 769 7	1.092 73	0.003 729
14	10	150991831	0.161 183	0.058 041 6	1.021 38	0.006 655
2	11	5696990	0.141 009	0.040 651	1.243 8	0.000 968
12	12	49263924	0.168 938	0.054 246	1.136	0.002 578
12	13	49263924	0.168 938	0.054 246	1.136	0.002 578
17	14	66181613	0.070 143	0.022 987 2	1.115 59	0.003 073
13	15	7988798	0.157 71	0.053 104 4	1.088 5	0.003 863
14	16	79452098	0.160 318	0.055 146 8	1.067 16	0.004 608
3	17	100558893	0.077 995	0.021 957	1.267 56	0.000 772
13	18	89201439	0.165 561	0.053 281 8	1.133 74	0.002 629

续表 3-10

Chromosome 染色体	SNP 单核苷酸多态性	Physical position 物理位置/bp	iHH in JHG 金华两头乌猪群体整合单倍型纯合性	iHH in NBG 其他浙江地方猪群体整合单倍型纯合性	XP-EHH score 跨群体扩展单倍型纯合性分数	*P*-value 假设概率
4	19	122989181	0.079 889	0.028 519 9	1.030 04	0.006 215
4	20	12755297	0.122 452	0.043 982	1.023 94	0.006 522

用金华两头乌猪和欧洲猪对比得到的发生正向选择的区域与猪参考基因组对比，发现有 377 个基因与选择区重合，将这些基因与猪 QTL 数据库进行对比分析，发现有 94 个发生正向选择的基因与某些经济性状的 QTL 重叠。其中，27 个与健康有关的 QTL 重叠，45 个与肉质性状有关的 QTL 重叠，10 个与繁殖有关的 QTL 重叠，2 个与体型外貌有关的 QTL 重叠，10 个与生产有关的 QTL 重叠。表 3-11 统计了一些同时与 QTL 和基因重叠的发生正向选择的区域。一些常见的基因如促肾上腺皮质激素受体基因 *CRHR*2、生长激素受体基因 *GHR*，以及磷脂酰乙醇胺结合蛋白基因 *PEBP*4 也在此对比研究中被发现经历了正向选择。用金华两头乌猪和其他浙江地方猪对比得到的发生正向选择的区域与猪参考基因组对比，发现有 181 个基因与选择区重合，将这些基因与猪 QTL 数据库进行对比分析，统计一些同时与 QTL 和基因重叠得的发生正向选择的区域(表 3-12)，发现有 68 个发生正向选择的基因与某些经济性状的 QTL 重叠。其中，6 个与健康有关的 QTL 重叠，25 个与肉质性状有关的 QTL 重叠，15 个与繁殖有关的 QTL 重叠，4 个与体型外貌有关的 QTL 重叠，15 个与生产有关的 QTL 重叠。

表 3-11　金华两头乌猪与欧洲猪相比发生正向选择区域在基因组和 QTL 上的映射

Chromosome 染色体	Gene 基因	Start position 开始位置/bp	End position 结束位置/bp	QTL overlapping with gene 数量性状座位重叠位置	QTL Start position 数量性状座位开始位置/bp	QTL End position 数量性状座位结束位置/bp
17	*IDH3B*	37446326	37451309	Health 健康	37174855	65306657
18	*CRHR*2	46648683	46651308	Health	32798519	48142115
18	*FAM188B*	46529495	46660391	Health	32798519	48142115
18	*INMT*	46637157	46641921	Health	32798519	48142115
17	*BPIFB*2	41468411	41491066	Meat and Carcass Quality 肉质性状	39583164	44570337
17	*BPIFB*6	41499390	41512343	Meat and Carcass Quality	39583164	44570337
16	*GHR*	28693711	28855126	Meat and Carcass Quality	25953165	35060804
3	*CGREF*1	119005134	119018767	Meat and Carcass Quality	93197958	122295139

续表 3-11

Chromosome 染色体	Gene 基因	Start position 开始位置/bp	End position 结束位置/bp	QTL overlapping with gene 数量性状座位重叠位置	QTL Start position 数量性状座位开始位置/bp	QTL End position 数量性状座位结束位置/bp
3	*KHK*	119019722	119030158	Meat and Carcass Quality	93197958	122295139
13	*ITIH*4	38197433	38208928	Meat and Carcass Quality	37854642	38705816
12	*GH*	15056359	15058095	Meat and Carcass Quality	14819694	15174393
7	*RPS*10	35109882	35117436	Exterior 外表	34755602	35251345
14	*HAND*2	17528447	17531529	Exterior	8528044	19260466
1	*FEM*1*B*	183919515	183934511	Reproduction 生殖	183913205	184015342
9	*LMO*1	1248307	1282660	Reproduction	1122298	1457532
17	*COMMD*7	41092439	41095299	Reproduction	40975074	41226447
17	*NOL*4*L*	40987883	41067223	Reproduction	40975074	41226447
3	*RHOQ*	100058022	100097054	Production 生产	100098050	100118932
14	*PEBP*4	7446930	7698221	Production	7471763	7718162
12	*GLP*2*R*	57438490	57493322	Production	56004411	59682626

表 3-12　金华两头乌猪与其他浙江地方猪相比发生正向选择区域在基因组和 QTL 上的映射

Chromosome 染色体	Gene 基因	Start position 开始位置/bp	End position 结束位置/bp	QTL overlapping with gene 数量性状座位重叠位置	QTL Start position 数量性状座位开始位置/bp	QTL End position 数量性状座位结束位置/bp
9	*MYO*7*A*	12345556	12430927	Health	11066889	23144816
9	*RGS*8	136230946	136256626	Health	126320226	13974487
12	*RAB*34	46936923	46941063	Health	38822400	47927603
12	*TRAF*4	46997168	47000042	Health	38822400	47927603
18	*INMT*	46637157	46641921	Health	32798519	48142115
3	*CGREF*1	119005134	119018767	Meat and Carcass Quality	119006428	119979845
3	*KHK*	119019722	119030158	Meat and Carcass Quality	119006428	119979845
9	*DRD*2	45883079	45897704	Meat and Carcass Quality	34499270	46682251
13	*CCK*	28610211	28615330	Meat and Carcass Quality	24391349	29002222
14	*EBF*3	150935646	151052955	Meat and Carcass Quality	149326918	153593360
2	*RELA*	5698668	5707943	Production	609757	8499847
12	*GLOD*4	49250868	49269237	Production	49085493	49990871
12	*RNMTL*1	49243794	49251676	Production	49085493	49990871
17	*NPEPL*1	66142062	66157629	Production	64337706	66928144
13	*KAT*2*B*	7991576	8049637	Exterior	5836383	27210688

续表 3-12

Chromosome 染色体	Gene 基因	Start position 开始位置/bp	End position 结束位置/bp	QTL overlapping with gene 数量性状座位重叠位置	QTL Start position 数量性状座位开始位置/bp	QTL End position 数量性状座位结束位置/bp
14	*ADAMTS*14	79413375	79501706	Exterior	69115424	90000278
3	*PRKCE*	100427913	100615864	Reproduction	100477666	100562986
13	*CLSTN*2	89149072	89299288	Reproduction	88976441	89249143
4	*VAV*3	12293821	122967693	Reproduction	121045392	131562487
4	*MYC*	12778444	12783481	Reproduction	12670773	12790842

为了进一步探求发生正向选择基因的功能，我们对金华两头乌猪和欧洲猪对比结果产生的基因进行了富集分析，P 值小于 0.05 的 GO 和 KEGG 路径列在表 3-13。在进行的 GO 分析中，发现一些基因富集到了不同的生物过程中如急性免疫应答、应激反应、胰岛素应答、生长发育的正向调控等，一些与生长有关的重要基因如生长激素基因 *GH*、生长激素受体基因 *GHR* 也被发现富集到与雌性怀孕、肽激素刺激物应答，以及胰岛素因子应答等生物过程；在进行的 KEGG 分析中，比较重要的并且显著的生物路径也被证明与被发生正向选择的基因有关联，如补体系统路径、细胞因子与细胞因子受体互作路径、亚油酸新陈代谢路径及花生四烯酸代谢路径。金华两头乌猪与其他浙江地方猪对比的 GO 分析中富集到的生物过程有磷酸肌醇代谢、耳朵性状、动脉血压调节等，还有一些生物过程如恐惧应激反应、多细胞有机体应激反应、全身动脉血压调控等生物路径与猪的健康有关；有三个生物路径被发现与猪的繁殖有关：磷酸肌醇代谢过程、细胞内受体介导的信号通路过程以及雄性激素受体信号通路过程，这些生物过程和生物路径被列在表 3-14。

表 3-13　金华两头乌猪相比于欧洲猪正向选择候选基因 GO 注释和 KEGG 通路分析

GO terms and KEGG pathway GO 注释和 KEGG 通路	*P*-value	Genes
GO:0002526 acute inflammatory response 急性炎症反应	0.008	*CD*46, *C*1*QB*, *C*4*BPB*, *C*1*QC*, *ITIH*4
GO:0006959 humoral immune response 体液免疫应答	0.013	*CD*46, *C*1*QB*, *C*4*BPB*, *C*1*QC*, *C*4*BPA*
GO:0006950 response to stress 压力响应	0.021	*NGFR*, *TNP*1, *ABTA*, *CD*5*L*, *CCL*11
GO:0032868 response to insulin stimulus 胰岛素刺激的反应	0.032	*GHR*, *RHOQ*, *WDTC*1, *IRS*1, *PTPRA*, *KHK*
GO:0009749 response to glucose stimulus 葡萄糖刺激反应	0.045	*TXN*2, *TGFBR*2, *PFKPB*2, *KHK*
GO:0007166 cell surface receptor linked signal transduction 细胞表面受体相关信号转导	0.017	*OR*51*G*2, *CDA*, *RHOQ*, *EPHA*8, *TAS*1*R*3

续表 3-13

GO terms and KEGG pathway GO 注释和 KEGG 通路	P-value	Genes
GO: 0048639 positive regulation of developmental growth 发育生长的正调节	0.032	*TGFBR2*, *ILK*, *MYOD1*
GO:0007565 female pregnancy 母猪怀孕	0.046	*GH*, *TGFBR2*, *OOPE*, *SCGBIA1*, *OXTR*
GO:0043434 response to peptide hormone stimulus 对肽激素刺激的反应	0.019	*GHR*, *OR51G2*, *CDA*, *RHOQ*, *EPHA8* *HTR2A*, *CCL17*
KEGG:hsa04610 Complement and coagulation cascades 补体和凝血级联	0.024	*C1QB*, *CD46*, *C4BPB*, *C1QC*, *C4BPA*
KEGG:hsa00591 linoleic acid metabolism 亚油酸代谢	0.029	*CYP2C42*
KEGG: hsa04060 cytokine — cytokine receptor interaction 细胞因子—细胞因子受体相互作用	0.049	*CYP2C42*, *PTGES2*
KEGG:hsa00590 arachidonic acid metabolism 花生四烯酸代谢	0.044	*GHR*, *CX3CL1*, *TGFBR2*, *NGFR*, *CCL1*

表 3-14 金华两头乌猪相比于其他浙江地方猪正向选择候选基因 GO 注释和 KEGG 通路分析

GO terms and KEGG pathway GO 注释和 KEGG 通路	P-value	Genes
GO: 0032582 negative regulation of gene-specific transcription 基因特异性转录的负调控	0.008	*VDR*, *ENG*, *HDAC3*, *KA5T*
GO:0042471 ear morphogenesis 耳形态	0.019	*MYC*, *MYO7A*, *HMX2*, *HMX3*
GO:0030384phosphoinositide metabolic process 磷酸肌醇代谢过程	0.025	*PIP5KL1*, *PIGM*, *DRD2*, *DPM2*
GO: 0030522intracellular receptor-mediated signaling pathway 细胞内受体介导的信号通路	0.027	*VDR*, *CCNE1*, *RNF4*, *KA5T*
GO: 0048149behavioral response to ethanol 对乙醇的行为反应	0.034	*DRD2*, *DBH*
GO: 0003073regulation of systemic arterial blood pressure 全身动脉血压调控	0.037	*DRD2*, *ENG*, *EDN3*
GO:0030521androgen receptor signaling pathway 雄性激素受体信号通路	0.039	*CCNE1*, *RNF4*, *KAT5*
GO:0030522 intracellular signaling cascade 细胞内信号级联	0.042	*PRKCE*, *DBNL*, *CCNE1*, *DOK2*, *MT2A*
GO: 0033555multicellular organismal response to stress 多细胞器官对压力的反应	0.045	*CCK*, *DBH*, *PENK*
KEGG:hsa05222Small cell lung cancer 小细胞肺癌癌症	0.028	*MYC*, *CCNE1*, *TRAF4*, *RELA*

第四章

金华两头乌猪全基因组重测序及染色体组装

金华两头乌猪为著名的地方猪种，为了挖掘金华两头乌猪的种质资源，必须从全基因组角度了解金华两头乌猪整个全基因序列，为此项云农技名师工作室（项云金华猪首席专家团队）对金华两头乌猪全基因组进行重测序和染色体组装，并进行了金华两头乌猪体染色体组装。生物品种的全基因组测序及染色体组装对研究生命的起源、生理、发育、基因突变、病理等有着非常重要的作用和意义。近代世界上的三大科学事件为阿波罗登月计划、曼哈顿原子弹计划和人类基因组计划，因此金华两头乌猪的全基因组重测序及染色体组装为金华两头乌猪种质资源深层次挖掘奠定了坚实的理论基础。

对金华两头乌猪的 Illumina 测序数据量为 192.52 Gb；Pacbio Sequel 测序了 2 个 cell，数据量为 305.09 Gb；HIC 测序数据量为 235.05 Gb，HIC 所用酶为 MboI。

经过 Genomescope 和 Jellyfish 软件对基因组进行测序，基因组大小为 2.29 Gb，重复率为 13.99%，杂合率为 0.678 5%。

通过 NextDenovo 组装方法，经过 Racon 三轮长读长矫正及 pilon 一轮短读长数据矫正，并通过 purge_haplotigs 软件对基因组去杂合处理，得到初步组装的基因组，基因组大小为 2.48 GB，Contig N50 为 60.09 Mb，BUSCO 值为 92.12%。短读长数据比对到初步组装的基因组，比对率为 85.22%。

结合 HIC 交联信号，将 Contig 定向及聚类，并将 Contig 挂载到 scaffold，并提取较长的 20 条 scaffold 定位为染色体水平，最终 scaffold 基因组大小为 2.48 Gb，scaffold N50 为 140.1 Mb，Contig N50 为 52.03 Mb。

第一节　分析流程

一、实验流程

（一）Pacbio Sequel 平台 20 kb Denovo 文库建库测序流程

实验过程中每个步骤（如样品检测、文库构建、测序）都将影响数据的质量和数量，进而直接影响信息分析结果。为了得到高度可信的测序数据，我们在实验的每个步骤进行严格的质量控制。Pacbio Sequel 文库建库测序流程见图 4-1。

（1）DNA 首先被 g-TUBE 处理成适当大小的片段。

（2）然后片段进行损坏修复和末端修复，DNA 片段两端都被接上发夹结构的接头从而形成一个哑铃结构，被称为 SMRTbell。

（3）退火后的 SMRTbell 和 ZWM 底部的聚合酶混合，它将用于最后的测序。

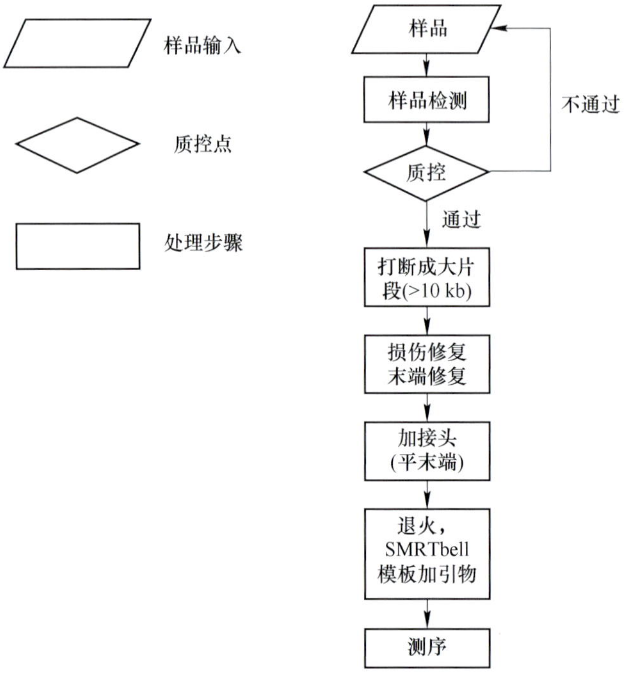

图 4-1　Pacbio Sequel 建库测序流程图

（二）Illumina 平台短读长文库建库测序流程

提取基因组 DNA 并随机打断，电泳回收所需长度的 DNA 片段，并加上接头进行 cluster 制备，最后上机测序。下面为建库方法和测序流程的详细描述（图 4-2）。

DNA 样品被接收后，对样品进行检测；然后用检测合格的样品构建文库。

（1）首先采用超声法 Covaris 或者 Bioruptor 将大片段 DNA（如基因组 DNA、BAC 或长片段 PCR 产物）随机打断并产生某长度 DNA 片段。

（2）用 T4 DNA Polymerase、Klenow DNA Polymerase 和 T4 PNK 将打断形成的黏性末端修复成平末端，再通过 3′ 端加碱基“A”，使得 DNA 片段能与 3′ 端带有“T”碱基的特殊接头连接，用电泳法选择需回收的目的片段连接产物，再使用 PCR 技术扩增两端带有接头的 DNA 片段。

(3)最后,用合格的文库进行 Cluster 制备和测序。

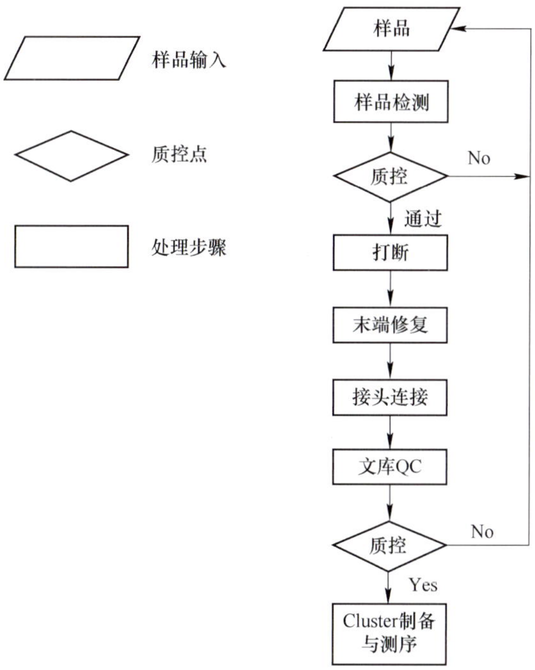

图 4-2　Illumina 建库测序流程图

(三)HIC 实验流程

HIC 技术是染色体构象捕获技术结合高通量测序衍生的一种技术,主要研究染色体的三维结构。通过对染色体内全部 DNA 片段间的交互作用进行捕获测序,获得基因组各片段间的交互信息,从而进行辅助基因组组装。HIC 测序实验流程主要包括细胞交联、内切酶酶切、末端修复、环化、DNA 纯化及捕获和上机测序等步骤(图 4-3)。

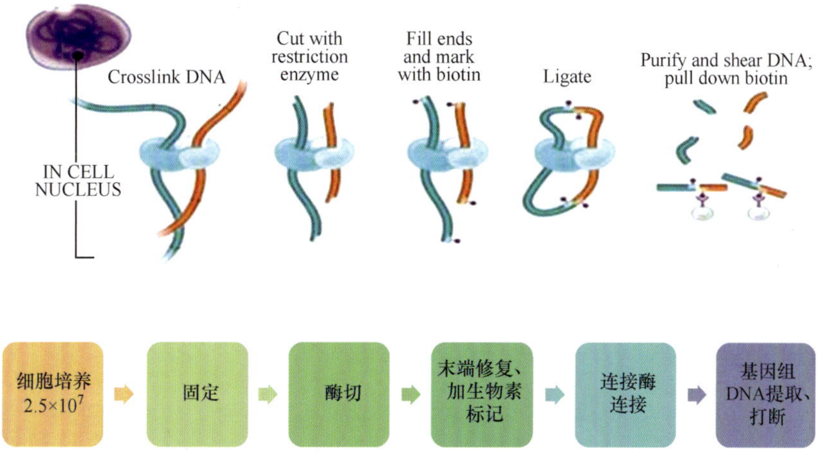

图 4-3　HIC 建库测序实验流程图

（四）Denovo 分析流程

完成一个基因组的组装，通常要经过测序、数据过滤、纠错、组装几个步骤，图 4-4 所示为基因组 Denovo 组装分析流程。

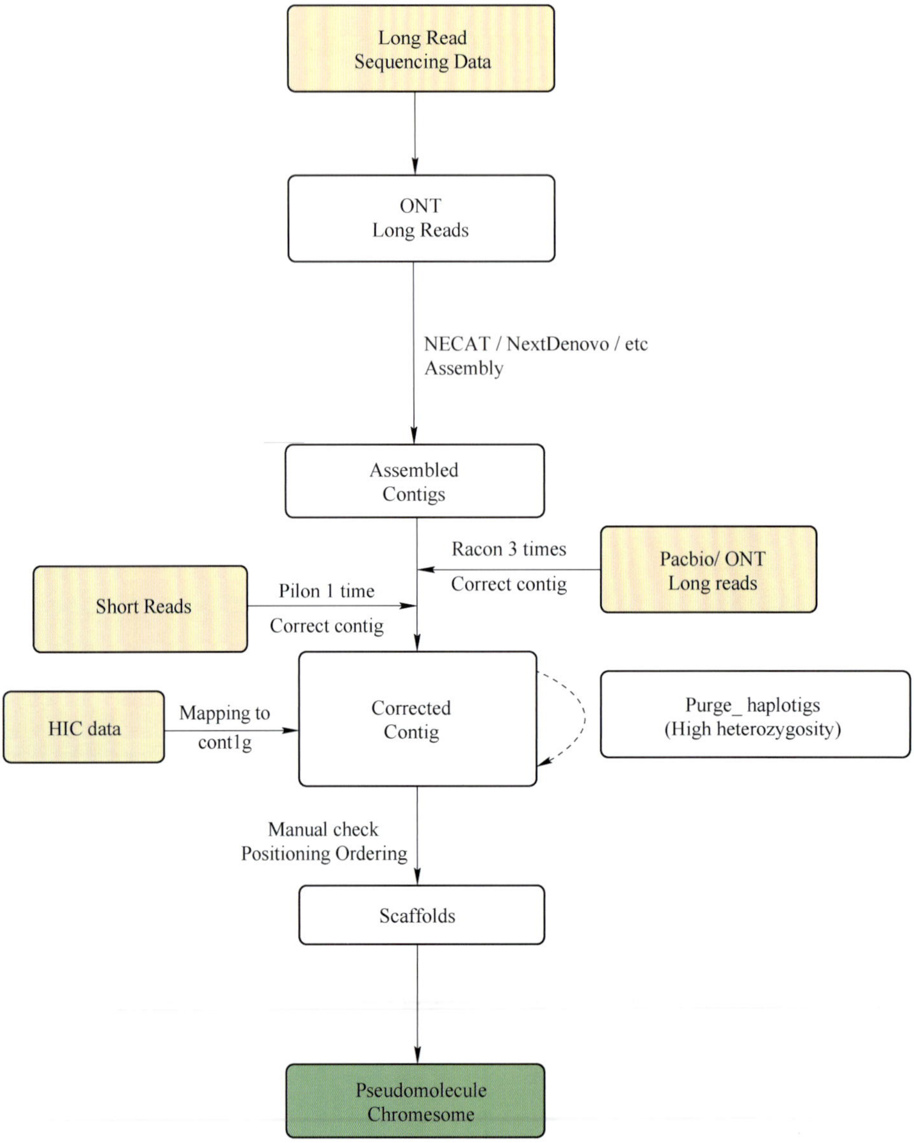

图 4-4　基因组 Denovo 组装分析流程图

（五）HIC 数据分析流程

HIC 数据分析的主要步骤如下，HIC 技术辅助基因组组装流程如图 4-5 所示。

（1）对得到的 Raw data 进行质控得到 Clean data。

(2)将 Clean data 比对到基因组草图上,进行比对分析。

(3)根据比对结果,进行聚类、排序、定向,辅助基因组锚定染色体。

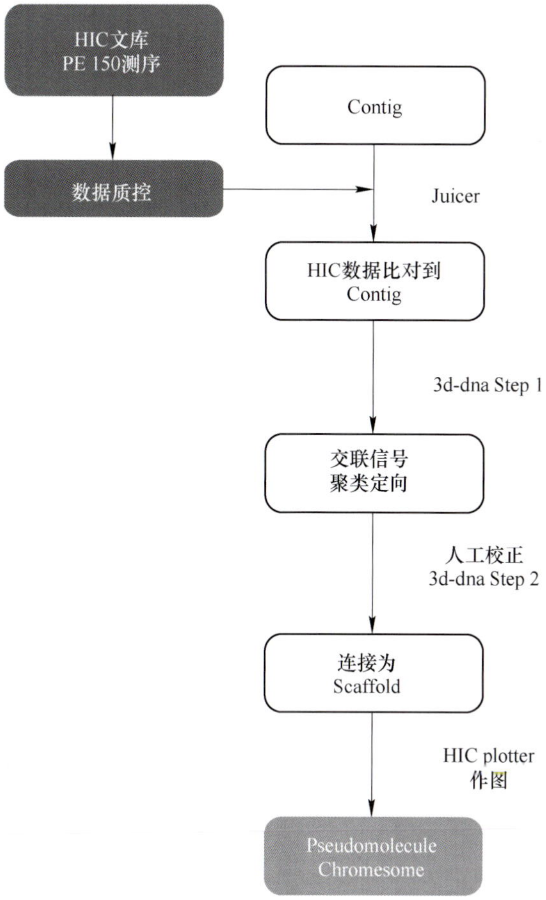

图 4-5　HIC 技术辅助基因组组装流程图

第二节　金华两头乌猪全基因组测序和染色体组装

一、数据产出和分析

(一)短读长测序数据

对提供样品分别构建 1 个小片段 300～400 文库,采用 Illumina 平台测序,共得到过滤后高质量数据 192.52 Gb(表 4-1)。

具体过滤方法:

数据处理某些原始序列带有 adaptor 序列，或含有少量低质量序列。我们首先经过一系列数据处理以去除杂质数据，得到有效数据。采用 SOAPnuke 1.5.6(https://github.com/BGIflexlab/SOAPnuke)进行过滤，SOAPnuke 软件过滤参数："-n 0.01 -l 20 -q 0.1 -i -Q 2 -G -M 2 -A 0.5 -d"。

过滤步骤：

(1)去除含 adaptor 的 reads。

(2)去除低质量 reads(质量值 Q≤20 的碱基数占整个 read 的 10%以上，含 N 比例大于 1%)。

表 4-1 获得 Clean reads Illumina 测序数据统计

Sample Name(#) Number	Read(#)	Total Base/bp	Reads Length/bp	GC %	Q20	Q30
JHZ	1 283 521 574	192 528 236 100	150 : 150	42.54	96.85	92.3

最终得到 192.52 Gb 二代 Clean 数据，相当于预测基因组大小的 84× 左右的数据量，并且 Q20 大于 95%，QC30 大于 90%，测序数据质量符合要求。

(二)长读长测序数据

共构建 1 个 20 kb 文库，对所有文库进行测序，共完成 2 个 cell 的测序，得到测序数据量 305.09 Gb，按照预估基因组大小 2.29 Gb 估算约 133×。测序数据统计如表 4-2 所示，测序数据读长分布情况如图 4-6 所示。

表 4-2 Pacbio Sequel 测序数据统计

Sample Name(#)	Subreads Number (#)	Subreads Total Bases/bp	Subreads Mean Length/bp	Subreads N50/bp	Subreads Max Length/bp	Subreads Min Length/bp
JHZ	12 427 926	305 090 336 293	24 548	36 112	292 983	1 000

最终得到 305.09 Gb 三代 Clean 数据，相当于预测基因组大小的 133× 左右的数据量，并且 Subreads N50 达到 36 kb，测序 reads 数据量和 N50 达到后续组装要求。

(三)基因组 Survey

基于 K-mer 分析原理，我们取不同 K-mer 进行分析。首先使用 jellyfish(V2.1.4)软件对 $K=15$ 频数进行快速统计，然后用 GenomeScope 软件对 K-mer 的频谱进行拟合，对基因组的特征进行预估，分析结果如表 4-3 所示。

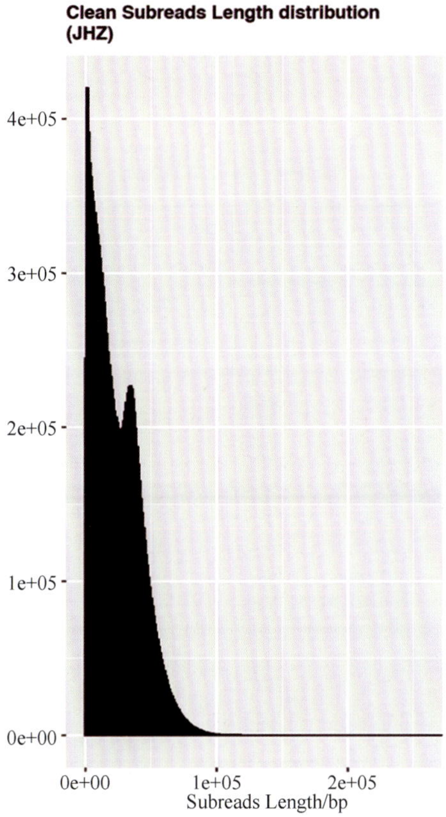

图 4-6　Pacbio Sequel 测序数据读长分布情况

表 4-3　K-mer 分析数据统计

K	Genome Size/bp	Repeat/%	Heterozygosity Ratio/%	Kmer Coverage
15	2 294 622 828	13.99	0.678 5	29.9

经过基因组 Survey，基因组大小约为 2.29 Gb，杂合率约为 0.678 5%，重复率为 13.99%。此基因组存在一定的杂合度，组装过程中需要多次调整，需要最优结果并需要去除一定的杂合序列。

（四）基因组组装

采用 Pacbio Sequel 平台测序共获得 305.09 Gb(133×，N50 约为 36 112 bp)的长读长测序数据。组装分析流程参考图 4-4。通过 NextDenovo 软件进行组装，获得 Contig 序列。通过 Racon 软件对基因组进行长读长数据矫正，使用短读长测序数据，通过 BWA MEM 比对 Scaffold 序列，通过 samtools 进行排序，采用 pilon-1.23 软件对基因组进行短读长数据的矫正。样品具有一定的杂合度，通过 purge_haplotigs 软件对基因组进行去杂合，并调试最优参数后得到结果如表 4-4 所示。

猪基因组评估大小为 2.29 Gb,杂合度为 0.678 5%,通过初步组装及矫正之后,该基因组大小为 2.48 Gb,N50 长度为 60.09 Mb。该基因组组装长度接近基因组 Survey 的大小,且组装质量高。

表 4-4　组装结果统计

	Contig	
	Length/bp	Number
max length	160 502 264	
N10	139 630 333	2
N20	128 339 490	4
N30	101 161 198	6
N40	67 606 778	9
N50	60 091 390	13
N60	54 824 027	17
N70	48 388 436	22
N80	41 327 121	27
N90	21 769 868	36
Total length	2 483 731 466	
GC rate	41.90	

(五)基因组组装结果评估

BUSCO 是一款使用 Python 语言编写的对转录组和基因组组装质量进行评估的软件。在相近的物种之间总有一些保守的序列,而 BUSCO 就是使用这些保守序列与组装的结果进行比对,鉴定组装的结果是否包含这些序列,包含单条、多条还是部分或者不包含等情况来给出结果。组装完整度评价所用库为 mammalia_odb10,组装基因组完整度较高。评价结果统计如表 4-5、图 4-7 所示。

表 4-5　Contig 基因组 BUSCO 评价结果统计

Percentage	Number	Type
92.12%	8 499	Complete BUSCOs (C)
91.85%	8 475	Complete and single-copy BUSCOs (S)
0.26%	24	Complete and duplicated BUSCOs (D)
1.62%	150	Fragmented BUSCOs (F)
6.25%	577	Missing BUSCOs (M)
	9 226	Total BUSCO groups searched

注:Complete BUSCOs (C)为 BUSCO 评估结果中,被完整覆盖的基因数;Complete and single-copy BUSCOs(S)为完整覆盖且是单拷贝的基因数;Complete and duplicated BUSCOs (D)为完整覆盖且是多拷贝的基因数;Fragmented BUSCOs (F)为基因经过比对未完整覆盖的基因数,只是部分比对上;Missing BUSCOs(M)为在组装基因中没有找到的 BUSCO 基因数。

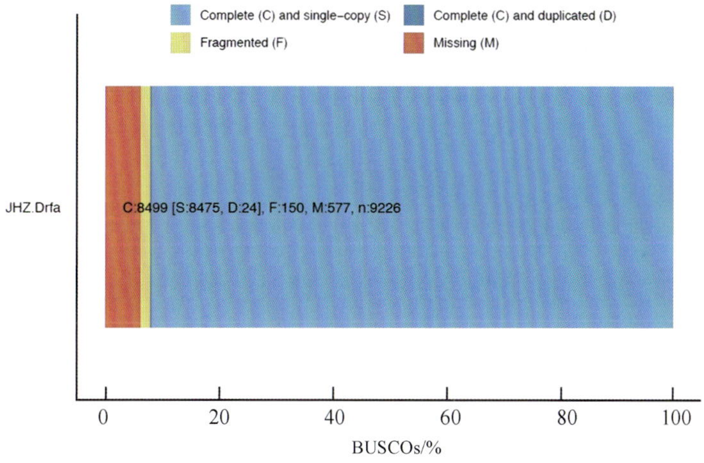

图 4-7 框架基因组 BUSCO 评价图

（六）HIC 数据产出与分析

1. 测序数据统计

总共测序了 1 个样本 HIC 平台数据，高质量数据量为 235.05 Gb，测序质量高（Q20≥95.6%）。

由于 HIC 文库插入片段并非全部来源于空间上相邻的但线性上不相邻的两个酶切片段的再次连接产生的，测序产生的 HIC 数据中具有较高的假阳性率，所以正确分离测序数据中含有有效信息的 HIC 数据至关重要。通过 HIC-pro 软件对 235.05 Gb（102×，PE150）的 HindⅢ 酶切数据进行过滤，通过 Juicer 软件比对回组装好的 Contig 序列，通过计算 HIC 测序数据中能唯一比对（Unique Mapped Read Pairs）到组装基因组上的有效 HIC 数据（Valid Interaction Pairs）和无效 HIC 数据（Invalid InteractionPairs）的比例，完成 HIC 文库的评估。其中 Valid Interaction Pairs 指测序得到的双端 Reads 分别来源于空间上相邻但线性上不相邻的两个酶切后的 DNA 片段，其能够提供有效的交互信息。而不能够提供片段间交互信息的称为 Invalid Interaction Pairs。只有 Valid Interaction Pairs 才能为后续辅助基因组组装提供有效信息，因而其在测序数据中的比例是衡量 HIC 文库质量的重要标准。

将比对到指定的组装基因组上的 Reads 称为 Mapped Reads，比对效率指 Mapped Reads 占 CleanReads 的百分比，是测序数据利用率的体现。比对效率除了受数据测序质量影响外，还与指定的基因组组装的优劣有关。使用 BWA（version 0.7.17-r1188）与 Juicer（version 1.5.6）将测序双端数据分别与组装基因组的序列比对，完成 HIC 文库的评估。

HIC-pro 是基于 bowtie 比对软件对 HIC 测序数据进行过滤的软件，通过分析比对结果，识别 HIC 数据中的有效交联信号，对 HIC 文库的构建进行质检。

比对统计结果如表 4-6 所示。

表 4-6　HIC 有效数据统计

Sample Name(＃)	Read Number(＃)	Total Base/bp	GC/%	Q20/%	Q30/%
JHZ	1 567 017 674	235 052 651 100	43.8	95.6	89.85

最终得到 235.05 Gb 三代 Clean 数据，相当于预测基因组大小的 102× 左右的数据量，并且 Q20 大于 95%，Q30 也接近 90%，测序 reads 数据量和质量满足后分析要求。

2. HIC 辅助基因组组装

利用 3d-dna10 软件对基因组序列进行群组的划分、排序和定向，并对组装结果进行评估。分析流程如下。

(1)过滤小的 Scaffolds，由于其片段长度过小，Locus 互作频率相对较少，分析结果不可靠。

(2)对剩余的 Scaffolds 进行 Locus 互作频率一致性分析，具有错误拼接的 Scaffolds 分割成段，分割后保留具有远程互作模式一致性的 Scaffolds 片段，去掉不具一致性的部分。

(3)根据一对互作序列之间的互作强弱来锚定，排序和定向所得到的序列，建立初步可信的染色体长度的 Scaffolds。

(4)基于序列同源性和远距离互作模式高度相性鉴定基因组重叠区域，根据重叠区来合并 Scaffolds 和 Contig，获得最终的染色体长度的 Scaffolds。这一步骤对于高杂合的基因组组装至关重要。

通对于 HIC 组装到染色体的基因组等长切割成 1 kb 一个 bin，然后任意两个 bin 之间覆盖 HIC Read Pairs 的数目作为两个 Bin 之间交互的强度信号绘制热图。

猪基因组具有一定的杂合，在 HIC 聚类热图中体现明显；该过程需要手动仔细对每一个 block 热图进行矫正，可将 Contig 正确的连接与定向。本次 HIC 所用酶为 *MboI*。经过人工仔细调整之后，2 476 034 158 bp 的序列长度的基因组序列被定位到 20 条 scaffolds 上，其余 7 697 308 bp 定位为 Unchr。各条 scaffold 序列分布详细情况见表 4-7、表 4-8。

表 4-7　18 条 Scaffold 组装结果统计

	Scaffold			Contig	
	Length/bp	Number		Length/bp	Number
max length	283 510 902		max length	160 502 264	
N10	283 510 902	1	N10	139 630 333	2
N20	171 275 262	3	N20	101 161 198	4
N30	160 137 500	4	N30	84 432 625	7
N40	141 656 852	6	N40	63 511 187	10
N50	140 108 679	7	N50	52 032 791	15
N60	139 512 821	9	N60	46 442 255	20
N70	130 808 553	11	N70	43 512 124	25
N80	107 397 717	13	N80	30 538 890	32
N90	80 226 270	16	N90	21 407 273	41
Total length	2 483 829 466		Total length	2 483 731 466	
All Number	35		All Number	231	
GC rate	41.90		GC rate	41.90	

表 4-8　3d-dna 组装结果各 Scaffold 长度

Chrom	length	Chrom	Length
HIC_scaffold_1	283 510 902	HIC_scaffold_6	107 397 717
HIC_scaffold_15	209 687 807	HIC_scaffold_5	84 882 717
HIC_scaffold_20	171 275 262	HIC_scaffold_18	80 368 311
HIC_scaffold_8	160 137 500	HIC_scaffold_9	80 226 270
HIC_scaffold_17	150 481 822	HIC_scaffold_4	63 604 952
HIC_scaffold_16	141 656 852	HIC_scaffold_3	61 947 831
HIC_scaffold_11	140 108 679	HIC_scaffold_2	55 975 772
HIC_scaffold_19	139 630 333	HIC_scaffold_14	10 512 146
HIC_scaffold_12	139 512 821	Total Unchr	7 697 308
HIC_scaffold_10	134 151 088	Total length	2 483 829 466
HIC_scaffold_13	130 808 553		
HIC_scaffold_7	130 254 823		

HIC 测序数据与框架基因组比对分析，染色体挂载结果如图 4-8 所示，横纵坐标分布表示 Scaffold，图形中区域颜色越红表示 Scffold 之间互作关系越强，也就是表明这些 Scaffold 应该挂载到一条染色体上。从图中可以看到 Scaffold 被聚为 19 个红色区域，最终也就得到 19 条染色体，外加一些未挂载上的序列。

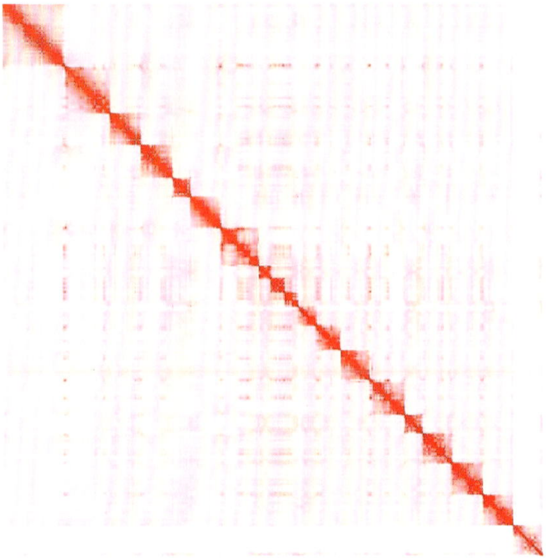

图 4-8　HIC 测序数据染色体挂载结果

（七）重复序列注释

重复序列是基因组的重要组成部分，主要包括两大类：串联重复序列（Tandem Repeat）和散在重复序列（Interpersed Repeat）。其中，串联重复序列包括有微卫星序列、小卫星序列等；散在重复序列又称转座子元件，包括以 DNA－DNA 方式转座的 DNA 转座子和反转录转座子（Retrotransposon）。

重复序列注释分为同源序列比对（Homolog）和从头预测（De novo）两类。同源序列比对是基于 RepBase v21.12 库，通过软件 RepeatMasker v4.0.7 和 RepeatProteinMask v4.0.7 识别与已知重复序列相似的序列。从头预测是基于自身序列比对，通过软件 Piler、RepeatScout、RepeatModeler 等软件首先建立 De novo 重复序列库，再通过 Repeatmasker 软件预测。此外，从头预测的方法，还可以使用 TandemRepeats Finder v4.09。

表 4-9　重复序列统计结果

Type			Number	Length/bp	Percent of assembled genome/%
Total repeat fraction			3 438 138	775 249 155	34.828 5
Class I: Retroelement			2 039 068	654 281 949	29.393 9
	LTR Retrotransposon		539 057	130 358 656	5.856 4
		LTR/Copia	18 377	1 308 034	0.058 7
		LTR/Gypsy	47 229	4 758 409	0.213 7

续表 4-9

Type			Number	Length/bp	Percent of assembled genome/%
		LTR/Other	473 451	124 292 213	5.583 8
	non-LTR Retrotransposon		1 500 011	523 923 293	23.537 5
		LINE	1 235 504	487 921 742	21.920 1
		SINE	264 507	36 001 551	1.617 3
Class II: DNA Transposon			616 814	79 600 498	3.204 7
		DNA/CMC	67 642	4 993 273	0.224 3
		DNA/DNA	73 596	5 814 483	0.261 2
		DNA/Harbin ger	8 253	681 350	0.030 6
		DNA/Helitron	17 676	1 458 050	0.065 5
		DNA/MULE	8 510	762 309	0.034 2
		DNA/Other	78 105	6 400 239	0.287 5
		DNA/TcMar	80 067	16 455 552	0.739 2
		DNA/hAT	282 965	43 035 242	1.933 3
Tandem Repeats			771 230	39 950 005	1.794 7
Unknown			11 026	1 416 703	0.063 6

注：Class Ⅰ:Retrotransposon 为Ⅰ型转座子（反转座子）；LTR Retrotransposon 为 LTR 反转座子；Non-LTR Retrotransposon 为非 LRT 反转座子；Class Ⅱ:DNA Transposon 为Ⅱ型转座子（转座子）；Tandem repeat 为串联重复序列；Unknown 为无法分类的重复序列；Total repeat fraction 为重复序列注释总比例。

重复序列分析最终得到 3 438 138 个重复单元，总长 775 249 155 bp，占比基因组 34.828 5%（表 4-9）。其中，Class I：Retrotransposon 类型含有 2 039 086 个重复单元，总长 654 281 949 bp，占比基因组 29,393%；Class II：DNA Transposon 类型含有 616 814 个重复单元，总长 79 600 498 bp，占比基因组 3.294 7%；Tandem Repeats 类型含有 771 230 个重叠单元，总长 39 950 005 bp，占比基因 1.933 3%；其中有 11 026 个重复单元无法分类。

（八）基因预测

基因的结构预测结合多种预测方法，主要有同源预测（Homolog）、从头预测（Denovo）预测和其他证据支持的预测。

最终采用 EVM 软件将各种方法预测得到的基因集整合成一个非冗余的、更加完整的基因集。最后通过统计基因集的证据支持、BUSCO（BUSCO，RRID：SCR_015008）分析等维度，评估基因集的质量。具体预测信息见表 4-10，基因集 BUSCO 评价统计见表 4-11。

表 4-10　基因预测基本结构统计结果

Type	Gene_set
gene_count	34 163
gene_max	350 536
gene_min	16
gene_AVG	14 948
mRNA_count	34 163
mRNA_max	70 425
mRNA_min	9
mRNA_AVG	1 161
cds/exon_count	256 778
cds/exon_max	8 918
cds/exon_min	3
cds/exon_AVG	154
cds/exon_count_AVG	7.51
pep_count	34 163
pep_max	23 475
pep_min	3
pep_AVG	386

表 4-11　基因集 BUSCO 评价统计

Type	Genome	%	Proteins	%
Complete BUSCOs (C)	8 499	92.12	8 351	90.51
Complete and single-copy BUSCOs (S)	8 475	91.85	6 287	68.14
Complete and duplicated BUSCOs (D)	24	0.26	2 064	22.37
Fragmented BUSCOs (F)	150	1.62	208	2.25
Missing BUSCOs (M)	577	6.25	667	7.22
Total BUSCO groups searched	9 226	—	9 226	—

注：Complete BUSCOs(C)为 BUSCO 评估结果中被完整覆盖的基因数；Complete and single-copy BUSCOs(S)为完整覆盖且是单拷贝的基因数；Complete and duplicated BUSCOs (D)为完整覆盖且是多拷贝的基因数；Fragmented BUSCOs(F)为基因经过比对未完整覆盖的基因数，只是部分比对上；Missing BUSCOs(M)为在注释的基因中没有找到的 BUSCO 基因数。eudicots_odb10 为 BUSCO 评估所用的库。

结论：通过上述方法总共预测得到 34 163 个基因，基因平均长度 14 948 bp，将全部的基因集做 BUSCO 评价，基因集最终注释的完整基因 8 351 个，占比 90.51%，基因预测结果比较理想。

（九）基因功能注释

基因功能注释的原理是，根据序列相似性寻找直系同源基因，通过已知功能的蛋白，推测新基因的功能。

首先采用 Interproscan-5.31-70.0 进行 IPR 及 GO 数据库注释，其次通过 DIAMOND 方法与 NR、KEGG、Swiss Prot、KOG、TREMBL、NOG 功能数据库进行比对，寻找同源，进行功能注释。预测得到的基因集合中，总共有 30 741 个基因可以注释到已知蛋白数据库。

基因功能注释统计信息见表 4-12。

表 4-12　基因功能注释统计结果

DataBase	Number	Percentage/%
TREMBL	28 092	88.22
IPR	23 934	70.05
NOG	21 909	64.13
SWISSPROT	21 049	61.61
GO	17 137	50.16
KEGG	16 467	48.20
NR	22 634	66.25
KOG	14 514	42.48
Annotated	30 741	89.98
Total	34 163	

注：Database 为功能注释数据库；Number 为注释到相应数据库的基因数目；Percentage 为注释到数据库的基因占总基因数的百分比；Annotated 为总共注释到的基因数目。

（十）非编码 RNA 注释

非编码 RNA(ncRNA)是一类广泛存在于真核生物的生物体内，执行多种生物学功能的 RNA 分子，但其本身并不携带翻译为蛋白质的信息，终产物就是 RNA。主要类型包括 rRNA、tRNA、snRNA 和 miRNA 等。

rRNA：核糖体 RNA。真核生物的核糖体所含的 rRNA 有 28S rRNA、18S rRNA、5.8S rRNA、5S rRNA 四种。

miRNA：MicroRNA(miRNA)是在真核生物中发现的一类内源性的具有调控功能的非编码 RNA，前体全长约 90 bp，其成熟 miRNA 大小为 20～25 个核苷酸(nt)。miRNA 广泛存在于真核生物中，是一组不编码蛋白质的短序列 RNA，它本身不具有开放阅读框(ORF)，可能对基因的表达具有调控作用。

snRNA：snRNA(small nuclear RNA，小核 RNA)是真核生物转录后加工过程中 RNA 剪接体(spilceosome)的主要成分。

非编码 RNA 注释统计结果见表 4-13。

表 4-13　非编码 RNA 注释统计结果

Sample Name (#)	Type	Copy#	Avg_Len	Total_Len	% in Genome
JHZ	tRNA	32 681	74.29	2 428 176	0.097 8
	rRNA	156	471.26	73 517	0.003
	snRNA	2 809	94.76	266 183	0.010 7
	miRNA	130 869	94.11	12 316 576	0.495 9

通过 ncRNA 分析得到 tRNA 含有 32 681 个，rRNA 含有 156 个，snRNA 含有 2 809 个，miRNA 含有 130 869 个。

(十一)基因组共线性分析

物种间的亲缘关系越近，共线性片段在基因组上所覆盖的范围越大，不同物种基因组间的共线性关系就会越好。因此，根据物种基因组之间的共线性关系，可以重塑物种基因组结构，推导物种的演化历史。

目前，基因组共线性分析主要使用 MUMmer 和 Lastz 两款软件。MUMmer 是一款快速比对两个基因组序列的软件，可以比较不同物种的基因组，也可以比较同一物种的不同组装结果，底层算法依赖于后缀树数据结构。由于软件运行速度较快，现在也常常被用于长序列之间的比较。Lastz 也是一款大规模基因组比对工具，软件在进行序列比对时，允许大的 gap 存在，能够找出匹配大的片段。

使用 Mummer 对测序样品与猪参考基因组(sus_scrofa)进行基因组共线性分析，参数为："nucmer －g 1000 －c 90 －l 200"

通过 Mummer 软件比对得到测序基因组和参考基因组之间的共线性关系，采用 Circos 软件进行展示，从外到内共两圈(图 4-9)。第一圈代表基因组，其中淡蓝色代表参考基因组染色体，绿色代表测序基因组。第二圈代表共线性结果，相同颜色之间的联系表示染色体之间存在共线性。从上述结果中可以看出测序基因组与参考基因组共线性比较好，除参考基因组 Y 染色体外，其他基于染色体都一一对应。

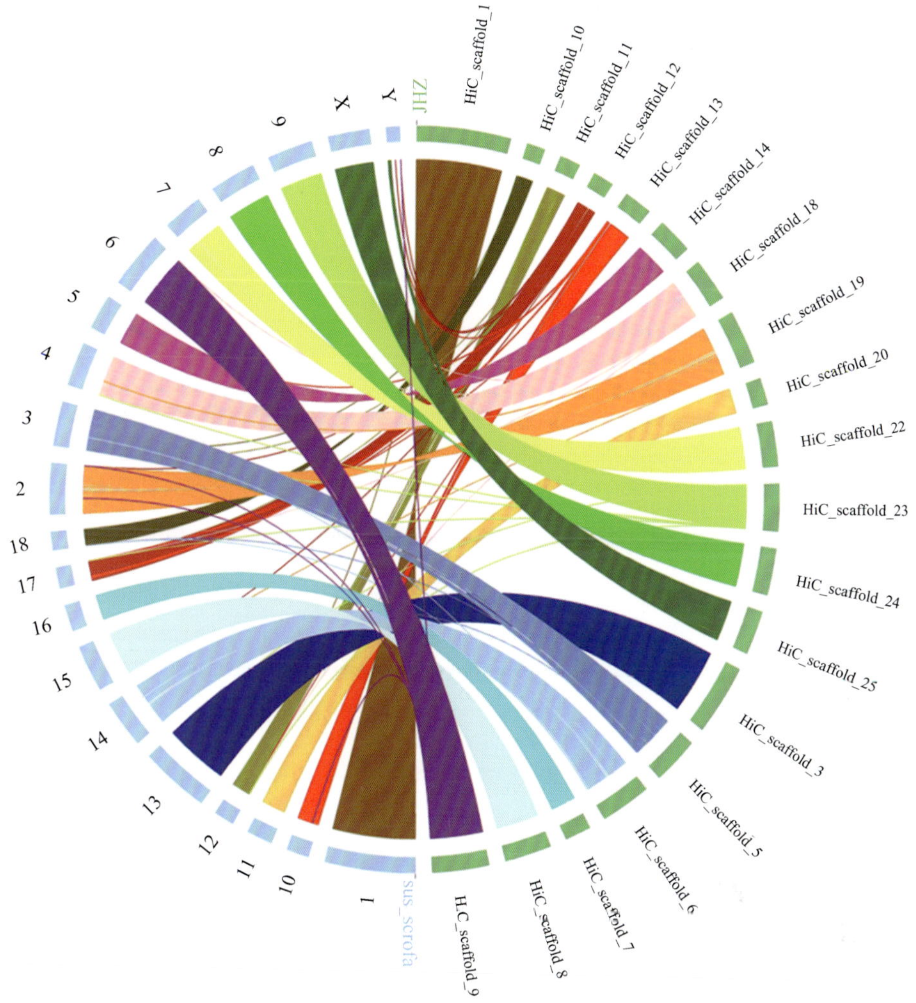

图 4-9　测序基因组和参考基因组之间的共线性关系

第五章

金华两头乌猪饲养管理及主要疾病防控

第一节　金华两头乌公猪饲养管理

一、繁殖公猪的饲养管理

1. 饲养

单圈饲养，运动场面积不少于 4 m^2/头，猪舍通风、降温防暑良好，舍内最高温度不超过 26 ℃。

2. 日粮与饲喂

繁殖公猪日粮使用专用公猪料。如果公猪数量少，也可用哺乳母猪料代替。定时定量饲喂，日喂 2 次，日饲喂量非配种期 2.0 kg/头、配种期 2.5 kg/头，根据膘情适当调整。配种期适当增加鸡蛋、鸭蛋、鱼粉等蛋白饲料。留心观察公猪的采食情况和精神状态，有异常及时报告兽医。

3. 运动

每天运动 1 h，可保证种公猪健康的体质、强壮的四肢和良好的性欲。

4. 采精

采精前先准备好套上采精袋和过滤纸的集精杯，干净的毛巾和纸巾，并保存在恒温的密闭容器中待用。把公猪赶入采精室，待公猪爬跨台猪后，挤掉贮存在包皮里的尿液和脏物，用手握住公猪阴茎头，模仿母猪阴道皱褶，并有节奏地松紧手掌，使公猪产生快感。当感觉公猪准备射精时，用干净的纸巾擦净阴茎头，待其射出带有胶体状物后，收集浓白的精液部分。采精结束后，把公猪赶回公猪舍，清洗并消毒采精室，保持采精室的清洁。年轻公猪每周可采精 1～2 次，12 月龄以上公猪每周可采精 2～3 次，年老公猪每周可采精1～2 次，连续采精 2～3 d，休息 1 d。

5. 精液检查

公母本交应每隔 10 d 检查精液质量 1 次，并根据返情、体况、季节变化增加检查次数，人工授精的精液应每批检查。对连续3次精液检查不合格、后代畸形率高、使用年限到期的公猪给予淘汰。

6. 初配年龄

一般在8～10月龄，体重60～70 kg。

7. 免疫注射

按照免疫程序严格执行。

8. 日常工作

6:00—7:00，检查饮水器、清扫猪栏，将粪便、污物收集拉至堆粪场。7:00—8:00，喂料，留心观察公猪的采食情况和精神状态，喂料半小时后清理料槽。10:00，清洗粪车、粪锹、扫把以及粪道、粪沟。15:00，清扫猪栏。16:00—17:00，喂料，半小时后清理料槽。下班前记录种公猪的使用情况、疾病情况等，检查猪栏门是否关闭牢固，关好公猪舍大门。视天气情况确定窗户的开合程度。当气温高于28 ℃时应开启湿帘通风系统，晚上气温较低时应关闭门窗。高温天气每天增加冲洗公猪2次。

二、后备公猪的饲养管理

1. 饲养

分群管理，体重在60 kg以内可按4～6头为一栏进行群养，60 kg以上按体重大小再分成2～3头为一栏进行小群饲养。喂全价日粮，日喂3次，应满足微量元素、维生素和必需氨基酸的需要，饲喂量以猪体重的3%～5%为宜，体重达到80 kg以上，饲喂量控制在体重的2.5%左右。

2. 选留

后备公猪6月龄以后进行活体膘厚测量，按月龄测定体尺和体重，对发育不良的后备公猪，应分析原因，及时进行淘汰。

3. 亲和驯化

后备公猪成长到一定月龄后，要进行人畜亲和训练，饲养员要经常抚摸猪的耳根、腹部、乳房等处，促使人畜亲和。

4. 采精调教

后备公猪在7～8月龄性成熟时进行采精调教，调教前可以先让后备公猪在采精室外观看采精过程，使其产生较深的印象，然后将成年公猪赶离采精室，赶入后备公猪。后备公猪进入后，不要急于求成，而应让其熟悉采精室环境，消除陌生感，用带有公猪或母猪气味的假母台猪，使其产生性冲动，并产生爬跨欲望。采精员可以用赶猪棒挑逗公猪，让其撕咬棒棍，往台猪上引导，数次后，后备公猪可完成爬跨动作，并完成第一次采精。一次不能调教成功的，需要多次调教，采精员要有耐心，不能急于求成。调教一般在早晨进行，每次按照相同的方法持续 15～20 min，一般经过 3～5 次就可以调教成功。调教时采精室应保持安静和温度适宜。

5. 日常工作

注意防寒保暖、防暑降温，保持栏舍的清洁与干燥，给予充足的光照与干净的饮水。

第二节　金华两头乌母猪饲养管理

一、待配母猪饲养管理

1. 栏舍准备

母猪进栏前要对猪栏彻底清洗消毒，保持栏面的干燥和清洁，防止因不洁使母猪感染乳腺炎、阴道炎、尿道炎和肢蹄病。

2. 饲养

待配后备母猪和断奶母猪转入待配舍，配种前根据膘情可按 4～5 头为一栏分群饲养，利于查情、配种和管理。为了避免合群母猪初期相互咬斗，饲养员应多加看护。断奶母猪继续饲喂哺乳母猪料，自由采食直至发情。配种后马上转喂怀孕母猪料并限饲。

3. 配种管理

断奶母猪一般在断奶后 5～7 d 发情，认真观察母猪发情情况，母猪出现静立反应后 12 h，便可开始配种。第一次配种后，间隔 8～10 h 再次配种。自然交配，配种前要选择与母猪体型相近的公猪，并将其阴道部的尿液挤出和清洗干净，母猪外阴也要清洁，然后人工辅助进行交配。

4. 返情母猪的处理

出现返情和经连续 2 次测孕认定没有受孕的母猪仍然留在待配舍饲养，参加下一批配种。经测孕检查确系怀孕的转入妊娠舍。乏情和屡配不孕的母猪要分析原因，报告场长和配种员，及时采取相应措施。

5. 日常管理

圈舍环境保持舒适、清洁、干燥。冬季注意防寒保暖，舍内温度控制在 18～23 ℃；夏季注意通风降温，舍内温度控制在 30 ℃以内。对后备母猪要耐心调教、护理。

6. 免疫管理

按免疫程序和保健程序做好疫苗接种、驱虫、药物保健。

二、妊娠母猪饲养管理

1. 转栏

确认怀孕后转入妊娠舍饲养，位置按配种日期依次排列。怀孕 84 d 后转入单栏猪舍饲养。产前 7 d 转入分娩舍。转舍前 10 d 驱除体外寄生虫，转舍当天洗刷消毒猪体。

2. 饲喂

一天饲喂 2～3 次。饲喂妊娠母猪的关键是能量分配，总原则是前高后低，以确保胎儿正常发育和母猪生理机能、乳腺机能的正常发挥。

3. 返情检查

注意母猪在配种后 18～44 d，查看是否返情，有发情征兆立即报告配种员用公猪试情，确认返情的转入待配舍配种。

4. 日常管理

按要求做好环境清扫与消毒，保持良好的环境卫生。注意防寒、降温及通风，根据气温和室内有害气体浓度调节通风换气量。在饲喂和清扫的同时，注意检查母猪的神态、呼吸、食欲、粪便，有异常状况及时报告兽医做出诊断和处理，饲养员要做好治疗的配合和护理工作。

5. 免疫管理

严格按免疫程序和保健程序做好疫苗接种和药物保健。

三、分娩与哺乳母猪饲养管理

1. 实行全进全出制度

在上一个生产周期的猪只全部离开后猪舍须彻底清洗消毒，并空栏干燥 1 周后方可转入待产母猪。

2. 怀孕母猪转舍

怀孕母猪在分娩前 1 周经体表消毒转入分娩舍，为便于母猪分娩时的管理，待产母猪按预产期的先后安排栏位。

3. 母猪表征

即将分娩的母猪，其表观征兆较明显，如挤乳头有乳汁排出、坐立不安、频频排尿排粪等，如出现上述征兆，表明当日内即将分娩，应做好接产准备工作。分娩前用 0.1%高锰酸钾溶液对乳房、后躯体表进行消毒。

4. 仔猪接生

仔猪出产道后，接生员一手托住仔猪，一手将脐带缓缓拉出，立即清除仔猪口鼻中的黏液，然后用接生粉（爽身粉）或抹布等擦干仔猪全身，放入保温箱。在仔猪产下5 min后离基部7～8 cm处掐断脐带，立即用5%的碘酊对脐带及周围消毒。脐带流血不止的可在脐带基部用手按压2～3 min或用消毒棉线结扎。对仔猪进行耳号编码、称取个体初生重。

5. 假死仔猪处理

对假死仔猪首先要使其呼吸道保持畅通，除要彻底清除口鼻黏液外，还要特别注意咽喉部是否有胎粪被吸入而阻塞。排除的方法是：将仔猪倒悬，用力拍打、挤压仔猪的胸部促使排出异物；在确认呼吸道畅通后，可进行人工呼吸。

6. 接生记录

完成仔猪接生后，把仔猪的出生时间、耳号、初生重、乳头数等各项记录于分娩记录表。等仔猪全部出生完，对仔猪进行剪齿、断尾、打耳号，所用器具必须严格清洗和消毒。

7. 母猪难产处理

进行人工助产，助产者要剪短并磨平指甲，用0.1%高锰酸钾溶液或聚维酮碘溶液消毒手、手臂及母猪外阴，五指合拢随着母猪的阵缩探入产道，待能用手指夹住仔猪的脚、头或阻塞产道的胎衣，再随着母猪的阵缩缓缓拉出来，特别注意不能损伤母猪产道。母猪努责无力，产仔间隔时间过长（半小时以上），母猪产仔已尽、无努责又不排出胎衣的可注射催产素。人工助产以后要给母猪注射抗生素以防止感染。

8. 母猪产后处理

母猪产仔时要在臀部周围放些垫草。产仔完毕要清点胎衣数是否与产仔数相等，胎衣未尽要报告兽医处理。母猪产后3 d以内有少量恶露乃属正常；量多，色暗红，恶臭，甚至伴有体温升高均要报告兽医治疗。

9. 母猪缺乳

母猪间隔1.5 h以上不肯哺乳；母猪放乳在10 s以下（产仔后3 d以内）；仔猪吃奶以后还是乱抢；仔猪不能安心睡觉，非常警觉，外部一有动静即醒来吵闹。这些都是母猪缺乳的表现，必须报告兽医尽快采取治疗措施。

10. 母猪乳房护理

母猪乳房红、硬、热是乳腺炎的症状，需报告兽医治疗，并配合做好热敷、按摩等护理工作。

11. 仔猪护理

仔猪出生后放入保温箱。在初生第 1 周,保温箱温度控制在 32～35 ℃,以后每周下降 2～3 ℃,根据仔猪是否挤堆(太冷)或远离热源(太热),确定保温箱温度是否适宜,并做出适当调节(调节灯泡高度、调换灯泡、开启或关闭保温灯)。

12. 哺乳母猪环境要求

哺乳母猪的适宜温度为 16～22 ℃,据此及时开、关窗户调节室内温度和通风换气。外界气温低于 13 ℃时要增加保温措施;气温高于 30 ℃时应加大通风量,高于 33 ℃要同时采取淋浴降温措施。

13. 母猪产后管理

母猪产后要加强护理,按规定对母猪进行免疫和预防,适当喂一些轻泻性较好的青绿饲料。保持产房内环境相对稳定,不得人为刺激和粗暴对待母猪。应加强对母猪的观察,如是否有子宫内膜炎(图 5-1)、产后热、乳腺炎等症状。

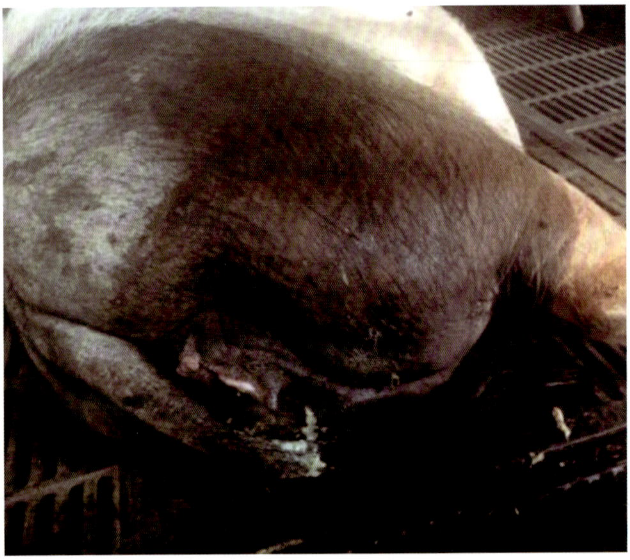

图 5-1　金华两头乌母猪子宫炎症

(楼芳芳拍摄)

14. 母猪保健

为了预防母猪产后子宫内膜炎,促进恶露排出,可以添加益母生化散,30 g/d,连用 7 d。产后 3 d,如奶水不足,可添加催奶灵散,30 g/d,连用 7～10 d。

15. 母猪饲喂

为减少母猪难产、产后恶露不尽、高温、无乳综合征的发生,母猪预产期前 3 d 适当减料；有临产征兆的母猪分娩当天，停喂或少喂；母猪分娩后视健康、食欲、排便情况可以每日递增 0.5 kg 饲料，直至分娩后 7 d 实行自由采食。哺乳母猪在分娩 3 d 以后日喂四餐，每次饲喂量以基本吃尽为度，上午、下午的饲喂量可略多些，中午和晚上略少些。在夏季气温较高时，早餐提早 1 h，晚餐延迟 1 h，同时早上和傍晚多喂，中午和晚上少喂。

第三节　金华两头乌哺乳仔猪饲养管理

1. 固定乳头

仔猪出生后应尽早让其吃上母乳，按“控强扶弱”的原则，将弱小的乳猪固定在母猪前 3 对乳头，强壮乳猪固定在后 3 对乳头，连续固定 3 d 即可(图 5-2)。产后 3 d 每次哺乳都要仔细观察，调整直至建立正常的次序。

2. 寄养

初产母猪以带仔 8～10 头为宜，经产母猪可哺乳 10～16 头。一般采取大寄小留；寄养的两窝仔猪日龄相差不能太大，以 3 d 内为最适宜；被寄养的仔猪一定要能吃足初乳(生母或养母的均可)；被寄养仔猪新定的乳头位置尽可能和原来的相近，易于固定；寄养之初要挡住养母的头部不让其闻嗅出被寄养仔猪的异味，挤取代养母猪乳汁涂抹于仔猪身上以防止代养母猪攻击被寄养仔猪现象的发生。生母缺乳的仔猪寄养初时要控制其吮乳量，以防一时猛吃而腹泻。

3. 补料

一般从 5～7 日龄开始，给仔猪补饲乳猪开食料，诱料在仔猪活跃时进行能取得最佳效果，每次哺乳以后，每天的下午到傍晚是仔猪的活跃期。每次补料要求饲料新鲜、少量，每天 6 次以上。仔猪补料时间为凌晨、上午、傍晚，其间据仔猪的采食情况再增加补料次数。

4. 补铁和免疫

仔猪要在 2～3 日龄和 5～7 日龄补铁 2 次(每次 200 mg)；如果拉痢时间较长还需随时加补。免疫接种按照免疫程序严格执行。

5. 去势

不留种的小公猪、母猪应尽早阉割、去势。

6. 日常管理

保持补料栏、保温室清洁卫生，及时清除补料槽的粪便和剩料，每日清洗消毒 1 次。勤观察仔猪精神状态和粪便情况，发现问题及时处理或报告兽医。

根据采食与生长情况确定断奶日龄，并进行称重记录。

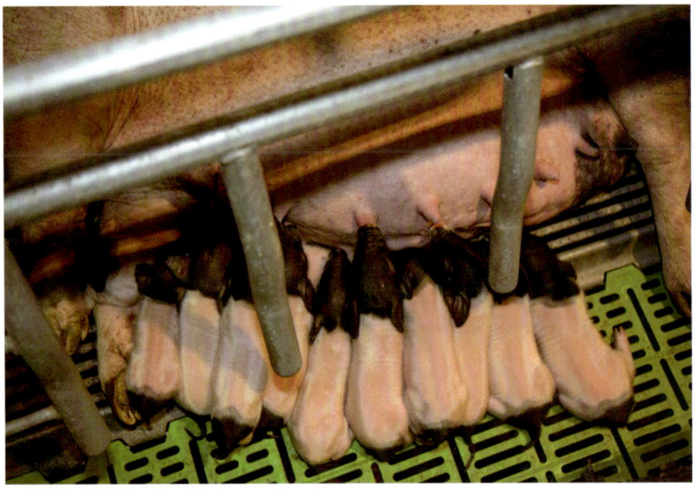

图 5-2　金华两头乌哺乳母猪和仔猪

（照片由浙江金华熊猫猪猪两头乌产业发展有限公司提供）

第四节　金华两头乌保育仔猪饲养管理

1. 实行全进全出制度

规模化猪场保育猪舍实行全进全出制度。在上一批猪全部离开猪舍后须彻底清洗消毒并空栏干燥至少 2 d 后方可转入下一批猪。

2. 分群与调教

分群时最好将同窝原栏舍体重大小相近的健康仔猪混养在一起，将病弱仔猪混养在一起隔离特别优厚饲养，每头仔猪至少有 0.3 m^2 的空间，饲养密度不宜过大。刚断奶转群仔猪采食、睡卧、排泄的位置尚未固定，进入保育舍后应进行调教训练，使仔猪养成定点排粪尿和躺卧的良好习惯。

3. 断奶后前 2 周饲养

由于仔猪断奶后遭受换料、离乳、环境等应激，小肠绒毛萎缩、损伤，各种消化酶分泌不足，所以在仔猪断奶后 7～10 d 继续饲喂高能量、含优质蛋白、易消化、适口性好、营养全价的乳猪料，且不要让仔猪吃得过饱，少量多餐。也可以在断奶后1～2周，在兽医的指导下于饲料或饮水中添加一定药物(如酸化剂、益生素、酶制剂、肠黏膜保护剂、中兽药、抗生素)预防断奶仔猪腹泻。对发生腹泻的仔猪，配合兽医进行个别治疗；带有小群发生症状的采用小群投药治疗。仔猪断奶10 d后逐步过渡到保育料，自由采食。

4. 驱虫

50～55日龄进行体内外驱虫(采取注射给药、饲料或饮水给药、体表喷涂给药)，同时结合环境杀虫，间隔1周后再进行1次。

5. 免疫接种

免疫接种按照免疫程序严格执行。

6. 日常管理

仔猪断奶后应保持环境温度的相对稳定，一般要求23～26 ℃，同时注意适当通风换气。扫栏2次/d，清扫栏内的猪粪、灰尘及污物，对较脏的地方、粪沟进行冲洗，尽量避免淋湿猪的躺卧区和采食区(图5-3)。清洗粪车、锹及扫把等生产工具，并定期消毒。留意观察猪只精神状况、行为举动，发现有咬尾等异食癖，要设法找出攻击者并将其隔离饲养(或放入其他陌生的猪栏)，在被咬猪的破损部位涂抹消炎、收敛药物。

图5-3　金华两头乌保育仔猪

(照片由浙江金华熊猫猪猪两头乌产业发展有限公司提供)

7. 记录

转群时称体重并记录，称重前2 h内不能喂食。

第五节　金华两头乌生长猪饲养管理

1. 实行全进全出制度

规模化猪场生长猪舍实行全进全出的制度，在上一批猪全部离开猪舍后须彻底清洗消毒并空栏干燥1周后方可转入下一批猪。

2. 分群和调教

生长猪要按照同窝仔猪、强弱、体重大小合理分栏饲养，一般8～10头/栏，0.5～1.0 m^2/头。在饲养过程中，对于各种原因引起的生长迟缓、体重较小的猪要转入其他栏饲养。对刚转入的猪应立即进行在指定区域排便的调教，建立良好的卫生习惯。

3. 饲喂

新转入猪只饲喂原仔猪料1周左右，然后用原仔猪料和育肥前期料混合饲喂，持续1周左右逐步过渡到生长育肥料。生长猪可采用自由采食或限量采食。自由采食生长速度快，但胴体背膘较厚。限量采食生长速度相对较慢，但胴体品质好。因此，饲喂可采用前期(20～60 kg)自由采食、后期(60 kg以后)限量采食的办法。

4. 饮水

保证猪只有充足的清洁饮水，每天检查饮水器，及时修理或更换不出水、漏水的饮水器。

5. 驱虫与免疫

保育猪转入生长猪舍后，严格执行驱虫程序和免疫程序。

6. 日常工作

每天2次扫栏清粪，检查料槽内是否有饲料，饮水器是否正常，观察猪只的食欲、精神、步态、呼吸、肤色、粪尿等情况，有异常及时报告并请兽医诊治。若有必要应将病猪移至空栏进行特别护理。做好防暑保温工作，气温高于33 ℃时，要对猪体淋浴降温；气温低于15 ℃时，给猪垫草保温。

第六节　金华两头乌猪饲料配制

根据金华两头乌猪不同生理特征、不同生长阶段对营养物质的需要量不同，配制不同生理阶段和生长阶段的日粮。有关金华两头乌生长猪和公母猪日粮营养需要推荐量及在自由采食情况下对日粮部分氨基酸、矿物质和维生素推荐量参照《金华猪》(GB/T 2417—2008)(表 5-1、表 5-2，图 5-4)。

表 5-1　金华两头乌生长猪日粮营养需要推荐量及部分氨基酸、矿物质和维生素推荐量(90%干物质)

项　　目	体重/kg					
	3～5	5～10	10～20	20～40	40～60	60～80
该范围的平均体重/kg	4	7.5	15	30	50	70
日粮消化能含量/(MJ/kg)	14.23	14.23	13.39	12.97	12.97	11.72
日粮代谢能含量/(MJ/kg)	13.66	13.66	12.85	12.45	12.45	11.25
消化能摄入量估测值/(MJ/d)	3.58	7.07	8.84	16.08	20.23	16.64
代谢能摄入量估测值/(MJ/d)	3.43	6.79	8.48	15.44	19.42	15.97
采食量估测值/(g/d)	250	500	660	1 240	1 560	1 420
日增重估测值/(g/d)	113	209	309	398	395	350
粗蛋白质/%	26.0	23.7	18	16	14	12
氨基酸	以总氨基酸为基础					
赖氨酸/%	1.50	1.35	1.15	0.85	0.64	0.51
蛋氨酸/%	0.40	0.35	0.30	0.22	0.16	0.13
蛋氨酸+胱氨酸/%	0.86	0.76	0.65	0.46	0.34	0.27
苏氨酸/%	0.98	0.86	0.74	0.52	0.39	0.31
色氨酸/%	0.27	0.24	0.21	0.15	0.11	0.09
矿物质元素	需要量					
钙/%	0.90	0.80	0.70	0.60	0.50	0.45
总磷/%	0.70	0.65	0.60	0.50	0.45	0.40
有效磷/%	0.55	0.40	0.32	0.23	0.19	0.15
钠/%	0.25	0.20	0.15	0.10	0.10	0.10
维生素	需要量(%或每千克日粮中含量)					
维生素 A/IU	2 200	2 200	1 750	1 300	1 300	1 300

续表 5-1

项　　目	体重/kg					
	3～5	5～10	10～20	20～40	40～60	60～80
维生素 D_3/IU	220	220	200	150	150	150
维生素 E/IU	16	16	11	11	11	11
维生素 K/mg	0.50	0.50	0.50	0.50	0.50	0.50

表 5-2　金华两头乌公母猪日粮营养需要推荐量及部分氨基酸推荐量(90%干物质)

项目	妊娠母猪	泌乳母猪	配种公猪
预期窝仔数	14	13	—
仔猪日增重/(g/d)	—	140	—
泌乳期天数/d	—	35	—
日粮消化能含量/(MJ/kg)	11.92	12.97	12.97
日粮代谢能含量/(MJ/kg)	11.44	12.45	12.45
消化能摄入量估测值/(MJ/d)	24.90	67.87	25.61
代谢能摄入量估测值/(MJ/d)	23.90	65.16	24.58
采食量估测值/(kg/d)	2.09	5.23	1.97
粗蛋白质/%	11.93	16.4	13
	以总氨基酸为基础		
赖氨酸/%	0.51	0.83	0.60
蛋氨酸/%	0.13	0.21	0.16
蛋氨酸+胱氨酸/%	0.33	0.39	0.42
苏氨酸/%	0.39	0.52	0.50
色氨酸/%	0.10	0.15	0.12
缬氨酸/%	0.33	0.70	0.40

REPORT: **GROWTH** Report Heading button changes　　12/27/10

Gender distribution					
Barrows:	1	Body weight:	80.0 (kg)	176.4(lb)	
Gilts:	0	Space/pig:	0.90 (sq. m)	9.68(sq. ft)	
Boars:	0	Temperature:	22 (℃)	71('F)	

Carcass lean tissue gain from 20 to 120 kg: 166 (g/d)
Carcass lean tissue gain at 80.0 kg: 134 (g/d)
Whole body protein accretion at 80.0 kg: 52 (g/d)

Whole body
Protein tissue gain: 228(g/d)
Fat tissue gain: 262(g/d)

Energy concentration of diet, DE: 3100 (kcal/kg) ME: 2976(kcal/kg)
Expected daily energy intake, DE: 6600 (kcal) ME: 6336(kcal)
Expected daily feed intake: 2129 (g) 4.69(lb)
Expected daily gain: 521 (g) 1.14(lb)
Expected feed efficiency (feed:gain): 4.09
Approximate crude protein : 10.5 % (corn-soybean meal diet)

	Amount in Diet (90% dry matter basis)	Amount/day
AMINO ACIDS (True Digest)		
Arginine	0.05 %	1.09 g/d
Histidine	0.11 %	2.32 g/d
Isoleucine	0.19 %	4.12 g/d
Leucine	0.33 %	7.09 g/d
LYSINE	0.34 %	7.25 g/d
Methionine	0.09 %	1.97 g/d
Methionine + Cystine	0.22 %	4.64 g/d
Phenyalanine	0.20 %	4.26 g/d
Phenyalanine + Tyrosine	0.33 %	7.02 g/d
Threonine	0.25 %	5.23 g/d
Tryptophan	0.06 %	1.38 g/d
Valine	0.23 %	4.92 g/d
AMINO ACIDS (Apparent Digest)		
Arginine	0.04 %	0.86 g/d
Histidine	0.10 %	2.18 g/d
Isoleucine	0.17 %	3.70 g/d
Leucine	0.33 %	6.99 g/d
LYSINE	0.30 %	6.46 g/d
Methionine	0.09 %	1.90 g/d
Methionine + Cystine	0.20 %	4.33 g/d
Phenyalanine	0.10 %	3.86 g/d
Phenyalanine + Tyrosine	0.30 %	6.40 g/d

	Amount in Diet (90% dry matter basis)	Amount/day
MINERALS		
Calcium	0.48 %	10.18 g
Phosphorus, total	0.42 %	9.04 g
Phosphorus, avail	0.17 %	3.58 g
Sodium	0.10 %	2.09 g
Chlorine	0.08 %	1.65 g
Magnesium	0.04 %	0.85 g
Potassium	0.18 %	3.87 g
Copper	3.23 mg/kg	6.87 mg
Iodine	0.14 mg/kg	0.30 mg
Iron	44.48 mg/kg	94.69 mg
Manganese	1.95 mg/kg	4.16 mg
Selenium	0.15 mg/kg	0.31 mg
Zinc	50.09 mg/kg	106.63 mg
VITAMINS		
Vitamin A	1276.21 IU/kg	2717.10 IU
Vitamin D3	147.83 IU/kg	314.74 IU
Vitamin E	10.90 IU/kg	23.20 IU
Vitamin K (menadione)	0.50 mg/kg	1.06 mg
Biotin	0.05 mg/kg	0.11 mg
Choline	0.30 g/kg	0.63 g
Folacin	0.30 mg/kg	0.64 mg
Niacin, available	7.21 mg/kg	15.35 mg
Pantothenic acid	7.07 mg/kg	15.05 mg

图 5-4　金华两头乌猪可消化氨基酸需要量计算过程

（图片由项云提供）

第七节　金华两头乌猪主要疾病防控

一、猪场参考免疫程序

（一）种猪免疫程序

1. 后备母猪

（1）配种前 6 周，猪瘟细胞苗 2 头份、口蹄疫 2 头份分别做肌内注射免疫。

（2）配种前 4 周，免疫伪狂犬病基因缺失苗。

（3）配种前 5 周和配种前 3 周，细小病毒病疫苗、乙型脑炎疫苗各 1 头份分别注射免疫。

2. 经产母猪

(1)产前 30 d,伪狂犬病基因缺失苗 2 头份注射免疫。

(2)每年 3—4 月份、9—10 月份,1～2 胎经产母猪,细小病毒病疫苗、乙型脑炎疫苗各 1 头份分别注射免疫。

3. 种公猪

(1)每年 1 月份、5 月份、9 月份,伪狂犬病基因缺失苗各 2 头份注射免疫。

(2)每年 2 月份、6 月份、10 月份,猪瘟细胞苗 2 头份、口蹄疫疫苗 2 头份分别注射免疫。

(3)每年 3 月份,细小病毒病疫苗、乙型脑炎疫苗各 1 头份分别注射免疫。

(二)仔猪免疫程序

(1)1～3 日龄,伪狂犬病基因缺失苗 1 头份,喷鼻免疫。

(2)7～10 日龄,气喘病灭活苗和圆环病毒灭活苗各 1 头份肌内注射免疫或圆支二联苗 1 头份免疫。

(3)35 日龄,猪瘟细胞苗 2 头份、口蹄疫疫苗 1 头份分别注射免疫。

(4)45 日龄,伪狂犬病基因缺失苗 1 头份注射免疫。

(5)65 日龄,猪瘟细胞苗 2 头份、口蹄疫疫苗各 1 头份分别加强免疫。

(6)100～120 日龄,伪狂犬病基因缺失苗、口蹄疫疫苗各 1 头份分别加强免疫。

在接种疫苗前后各 3 d 和当天,每吨饲料添加芪贞增免颗粒 1～2 kg,可减轻免疫应激,提高抗体效价。

二、主要疫病防控

(一)猪气喘病防控

猪气喘病(swine enzootic pneumonia,SEP)也称猪支原体肺炎、猪地方流行性肺炎,是由猪肺炎支原体引起的猪的一种慢性、接触性传染病,临床主要表现为咳嗽、气喘、生长缓慢和饲料转化率低,多呈慢性经过。

1. 流行特点

金华两头乌猪与其他地方猪一样对本病比较易感。该病发生虽无季节性,但在气候剧变、阴湿寒冷时易发生,饲养管理和卫生条件差、饲料品质不良、猪舍拥挤、通风不良等因素均可诱发本病。

2. 临床症状

根据病情,可分两种类型。

(1)急性型　常见于新发病的猪群,常突然发病,呼吸数剧增,严重者张口喘气,口鼻流沫,咳嗽低沉或痉挛性阵咳。若无继发感染,则体温一般不高。

(2)慢性型 常见于老疫区的猪或急性转为慢性者。表现为长期咳嗽,特别在清晨及晚间更为明显,或进食及运动时咳嗽。初为单咳,严重时呈痉挛性咳嗽。呼吸数增加,呈腹式呼吸,呼吸困难。咳嗽及气喘症状时而明显,时而缓和。病猪经常流鼻液,有泪斑,咳喘严重,食欲减退,被毛无光泽,瘦弱,病程可达2～3个月或更长。

3. 病理变化

主要病变在肺部。两肺心叶、尖叶和膈叶呈现对称性实变,肺中间叶也呈现实变。病变界限明显,似鲜嫩肌肉样,俗称"肉变"。肺门及纵隔淋巴结肿大呈灰白色,切面外翻湿润,边缘呈轻度充血。肺脏病理组织学检查,可见典型的支气管肺炎变化。具体病理变化见图5-5。

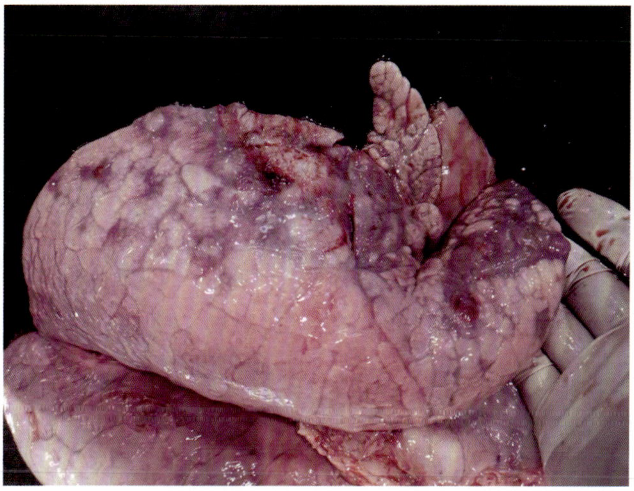

图5-5 金华两头乌猪肺部感染病理变化

(项云拍摄)

4. 防控措施

(1)加强饲养管理 坚持自繁自养、全进全出的饲养模式,保持猪群合理的饲养密度,加强通风减尘,保持舍内空气新鲜,及时清除栏舍粪便减少氨气浓度。

(2)使用药物和疫苗培育健康猪群 按免疫程序及时做好疫苗接种,肌内注射的气喘病灭活苗和胸腔注射的气喘病弱毒苗均有较好免疫保护效果。同时做好猪只其他病毒性疾病的预防,减少继发感染。定期进行预防性投药:每吨饲料添加80%泰妙菌素150 g(或20%替米考星2 kg等)+清肺散4 kg,连用5～10 d,可明显减轻咳嗽、气喘等临床症状。

(二)猪繁殖与呼吸综合征防控

猪繁殖与呼吸综合征(porcine reproductive and respiratory syndrome,PRRS)俗称"蓝耳病"(blue ear disease),是由PRRSV引起的猪的一种繁殖障碍和呼吸道炎症的传

染病。其临床症状是怀孕母猪发生大批流产、死胎和木乃伊胎；仔猪与育肥猪发生严重呼吸道症状及高死亡率。病毒主要侵害猪的肺巨噬细胞，损伤免疫器官，致使机体免疫功能降低，极易继发各种疾病。

1. 流行特点

本病主要是繁殖母猪及仔猪发病，育肥猪发病较温和；传染性极强，传播途径广，传播迅速，危害性甚大；可通过气溶胶传播，也可通过胎盘垂直感染；本病一年四季均可发生，饲养管理不善，防疫消毒不严、饲养密度过大等都可促进发病和流行。

2. 临床症状

病猪体温明显升高、皮肤发红、呼吸急促、眼结膜炎、眼睑水肿；食欲不振、精神沉郁；部分病猪耳部发绀，呈蓝紫色；母猪流产、早产、产死胎和产弱仔，屡配不孕、返情；仔猪发病表现为呼吸困难，体温升高，全身症状明显，致死率可达 80%～100%；成年公猪和青年猪发病后也可出现全身症状，但较轻。

3. 诊断

根据流行病学、临床症状及剖检特点可做出初步诊断，但要注意与症状相似的一些病毒性传染病相鉴别，如流感、细小病毒病等。确诊必须进行血清学鉴定或病毒分离鉴定。

4. 防控措施

(1)免疫预防　使用疫苗预防能取得一定的效果，猪场应根据自身情况制订适宜的免疫程序，并严格按程序接种疫苗。两种弱毒株在同一猪场同时使用，可能发生基因重组、增加毒力返祖和加快病毒变异的风险。因此，猪场最好使用同一种毒株疫苗来免疫预防。同时做好猪瘟、喘气病、伪狂犬病等疫病的预防工作。

(2)药物保健　在做好免疫预防基础上，进行合理的药物预防。种猪预防方案：每吨饲料添加掼蓝膏首(七清败毒颗粒)2 kg，连用 3 个月，每个月连用 15 d。第 4 个月开始根据蓝耳病抗体监测情况将每个月使用时间调整为 10 d。断奶仔猪预防方案：仔猪断奶开始每吨饲料添加掼蓝膏首(七清败毒颗粒)2 kg，连用 15 d；停药 7～10 d，再连用 10～15 d。

(3)治疗方案(出现蓝耳病临床症状时使用)　怀孕母猪因蓝耳病引起的流产治疗方案：每吨饲料添加掼蓝膏首(七清败毒颗粒)4 kg，连用 7～10 d。蓝耳病及细菌性继发感染：每吨饲料添加掼蓝膏首(七清败毒颗粒)4 kg＋相应敏感抗生素，连用 7～10 d。控制蓝耳病引起的母猪流产的治疗方案：母猪产前 14 d 至产后 7 d，每吨饲料添加掼蓝膏首(七清败毒颗粒)2 kg＋茵栀解毒颗粒 2 kg。

(4)综合措施　坚持自繁自养、全进全出原则。做好消毒工作，把好检疫关，做好种猪检疫工作，禁止引进病猪，从根源上减少传染源。加强饲养管理，改善饲养环境。猪场在夏季要做好防暑降温，冬季应注意保温，并保持猪舍干燥及合理的饲养密度，降低氨气浓度，建立良好的饲养环境，减少各种应激反应。饲料质量及营养水平的高低在很大程度上能影响猪的免疫功能、成活率、产仔率及生长速度。因此，要积极推进规范化、标准化饲养方式，保持较高的营养水平，严禁饲喂霉变或劣质饲料，保证充足营养，增强猪群抗病能力。

（三）猪圆环病毒病防控

猪圆环病毒病是由猪圆环病毒2型（procine circovirus 2，PCV2）引起的猪的多系统疾病，主要包括断奶仔猪多系统衰竭综合征（postweaning multisystemic wasting syndrome，PMWS）、猪皮炎和肾病综合征（procine dermatitis and nephropathy syndrome，PDNS）等。本病可导致猪群发生严重的免疫抑制，从而容易继发或并发其他疫病。目前PCV2几乎存在于所有猪群中，严重影响生猪的生产性能，给养猪业造成巨大的经济损失。文献报道，近几年来PCV3开始流行，可以引起母猪流产、猪多系统炎性疾病、皮炎肾病综合征。该病已经成为造成养猪业损失的重要原因之一。

1. 临床症状

（1）断奶仔猪多系统衰竭综合征　常发于保育阶段猪和生长期猪，表现为生长发育不良或停滞，消瘦、被毛粗乱、皮肤苍白和呼吸困难等。

（2）猪皮炎和肾病综合征　常发于12周龄（80日龄）以上猪只，病猪轻度发热，不愿走动，皮肤发生圆形或不规则形状的隆起，呈现周围红色或紫色而中央为黑色的病灶，病灶通常出现在后躯和腹部，逐渐蔓延到胸部或耳部，融合呈条带状和斑块状。

2. 防控措施

（1）加强饲养管理及环境卫生　改进饲养管理，减少应激，合理配制日粮。注意通风与保暖，保持猪舍干燥，改善猪舍的空气质量，降低氨气浓度。去势和注射须遵循良好的卫生和消毒习惯。在猪场内禁养猫、犬，定期驱蚊蝇、投饵灭鼠。搞好种猪群的净化，坚持自繁自养。

（2）免疫预防　有条件猪场可定期进行猪群监测，根据自身特点合理制订免疫程序。一般猪场可按如下程序免疫：母猪产前40 d、产前20 d各注射1次（重点是后备母猪免疫）；仔猪10～14日龄注射1次；感染严重的猪场25～30日龄加强免疫1次。

（3）药物防治　临床可以采用以下药物预防方案：防治断奶仔猪多系统衰竭综合征在每吨饲料添加P-特（板青颗粒）2 kg ＋ 10%阿莫西林2 kg，连用7 d；防治皮炎和肾病综合征（PNDS）在每吨饲料添加P-特（板青颗粒）2 kg ＋ 茵栀解毒颗粒2 kg，连用7 d。

（四）猪传染性胃肠炎防控

猪传染性胃肠炎（transmissible gastroenteritis，TGE）是由冠状病毒属的猪传染性胃肠炎病毒引起的猪的一种高度接触性消化道传染病，以呕吐、水样腹泻和脱水为特征。

1. 流行特点

所有猪都可感染，每年的12月份至翌年4月份为发病高峰，夏季很少发病。在新发病猪群，几乎所有猪感染发病，在老疫区则呈地方流行性。潜伏期短，传播迅速，数日内可传遍整个猪场。

2. 临床症状

仔猪的典型症状是短暂的呕吐和水样腹泻，粪便气味恶臭，病猪明显脱水，体重迅速减轻，日龄越小，病程越短，病死率越高。随着日龄的增长，病死率逐渐降低，痊愈仔猪生长发育不良。育肥猪及成年公母猪主要表现为食欲减退或消失，个别猪有呕吐，然后发生水样腹泻，呈喷射状，排泄物灰色或褐色；哺乳母猪主要表现为泌乳减少或停止，3～7 d病情好转随即恢复，极少发生死亡。

3. 病理变化

病理变化主要见于小肠，肠管扩张、肠壁变薄，内容物呈黄绿色或灰白色液体，含有气泡和凝乳块；小肠肠系膜淋巴结充血、肿大。胃底黏膜充血，有时有出血点。

4. 防控措施

(1)本病可给母猪分娩前5周和分娩前2周接种猪传染性胃肠炎和轮状病毒二联苗进行预防，可使仔猪获得一定的被动免疫抗体。对曾发生过传染性胃肠炎的猪场，应在秋季和冬季对保育仔猪进行免疫接种。

(2)猪场发生本病时应立即隔离病猪，并对猪舍、运动场、用具等进行全面严格消毒。

(3)本病没有特效药物治疗，发病后应及时补水和补盐，并补充适量的电解质溶液，防止仔猪因脱水酸中毒而死亡。用抗生素和抗病毒药物防止继发感染可降低死亡率，如奇特奇(五苓散)内服，小猪一次量25 g，中大猪一次量50 g，1次/d，连用2次；或每吨饲料添加奇特奇(五苓散)10～20 kg，连用2 d；有继发性感染的在每吨饲料添加“利林”(盐酸大观霉素＋盐酸林可霉素)500 g。发病后应及时补水和补盐，并补充适量电解质溶液，防止仔猪因脱水，导致酸中毒而死亡。

(五)猪流行性腹泻防控

猪流行性腹泻(porcine epidemic diarrhea，PED)是由猪流行性腹泻病毒引起的猪的一种接触性肠道传染病，多发生在寒冷季节，其特征为呕吐、腹泻、脱水。流行特点、临床症状与猪传染性胃肠炎极为相似，防控措施与猪传染性胃肠炎相同。

(六)猪伪狂犬病防控

猪伪狂犬病(pseudorabies，PR)是由猪伪狂犬病病毒引起的猪的急性传染病。可引起妊娠母猪流产、死胎，公猪不育，新生仔猪大量死亡，育肥猪呼吸困难、生长停滞等，是危害养猪业的重大传染病之一。

1. 流行特点

病猪、带毒猪是主要传染来源，通过消化道、呼吸道、伤口及配种等途径发生感染。妊娠母猪感染后，病毒可通过胎盘感染胎儿；哺乳母猪感染后，仔猪可通过吮乳而感染；多发生于冬春季节，哺乳仔猪死亡率很高。

2. 临床症状

新生仔猪多在产后2～3 d发病，发病仔猪全身发抖，吮乳无力，体温升至41 ℃以上，精神委顿。有的运动失调，步态不稳，有时呈不自主地的前冲、后退或转圈运动；有的腹泻、呕吐或者后肢瘫痪。随着病程发展，出现四肢麻痹，倒地侧卧，头向后仰，四肢乱动，最后死亡，病程1～2 d，死亡率很高。妊娠母猪主要发生流产、产死胎或木乃伊胎。产出的弱胎，多在2～3 d内死亡。流产率可达50%。

3. 病理变化

主要表现为肾脏有针尖样出血点，扁桃体、肝脏和脾脏均有散在白色坏死点，肺水肿，有小叶性间质性肺炎或出血点等。

4. 防控与净化

猪场禁止混养其他动物，原因是犬、鸡等都可成为此病毒的携带者。疫苗免疫接种是预防和控制伪狂犬病的根本措施，以净化猪群为主要手段。

(1)抽样监测　为了了解猪场感染状况，根据种猪群的规模大小，按种母猪5%～10%比例进行采样、种公猪全群采样，检测猪伪狂犬病野毒(gE)抗体。如果所检测的样品全部为gE抗体阳性，则种猪群全群逐头检测；如所有血清样品均为阴性，可直接进入“监测与认证”阶段和维持阶段；如果血清样品的gE抗体阳性率低于10%，可实行“检测淘汰”与“监测与认证维持”的净化方案；如果gE抗体阳性率在10%～20%，可实行“强化免疫控制”“检测淘汰”“监测与认证维持”的净化方案；如果gE抗体阳性率在20%～30%，则实行“全群或部分清群”措施，逐步替换gE阳性猪；如果gE抗体阳性率大于30%，要加强疫苗免疫和生物安全，暂不考虑实施净化。

(2)强化免疫控制　如果gE抗体阳性率高，不能一次清除带毒猪，需进行疫苗免疫，主要通过伪狂犬病gE基因缺失疫苗免疫猪群，同时采取生物安全和灭鼠等综合措施。免疫后3～4周，抽样检测(gB-ELISA检测方法)gB抗体阳性率85%以上为群体免疫合格。

(3)检测淘汰　如果抽检种猪群gE抗体阳性率在10%以下时，对种猪群实行逐头采样检测，一次性淘汰阳性的带毒猪。逐头在后备种猪选留时(5月龄)、配种前20～30 d(7～8月龄)集中普检1次，gE抗体阴性、gB抗体阳性猪可留种，不达标猪育肥或淘汰。

(4)清群阶段　如果种母猪(种公猪)gE抗体阳性率20%～30%的猪群，根据猪场的实力，可实施全部清群、重新从净化场引种，或淘汰所有gE抗体阳性猪；也可实施部分清群，用阴性后备种猪逐步替换高胎次 gE 抗体阳性猪，可用 2～3 年的时间来逐渐替换和清群，最终实现猪群伪狂犬病的净化。

(5)监测与认证　完成以上“检测淘汰”阶段 1 年后，在生产母猪群设立 2%～3%(最低 10 头)哨兵母猪(gE 抗体阴性、gB 抗体阴性)，分散在不同栏舍，观察其是否感染和发病，并做好检测。哨兵母猪应在放入 1 个月内、配种前、孕后 40～50 d、孕后 80～90 d、产后 2 周，以及 3～4 周龄后代，检测 gE 抗体、gB 抗体均为阴性，且猪群生产成绩正常稳定，说明猪群里没有阳性猪或带毒猪，已进入净化阶段。

(6)维持阶段　第一，改用灭活疫苗，并减少免疫次数，实行阶段免疫或部分猪群免疫，直至完全停止免疫。第二，定期检测，每隔 1 年，按种公猪普检、生产母猪抽检 10%的比例进行检测；加强后备种猪选留和引种的监测。第三，做好生物安全防控，如运输工具、人员的控制、养猪场的灭鼠措施等。

(七)猪格拉瑟病防控

猪格拉瑟病(haemophilus suis)又称副猪嗜血杆菌病、多发性纤维素性浆膜炎和关节炎，是由某些高毒力或中等毒力血清型的格拉瑟菌引起的猪的一种传染病。近年来，本病的发生率呈逐年增长趋势，猪场也会散发。该病与病毒性疾病密切相关，病毒破坏了机体的免疫系统，导致机体免疫力下降，造成该病的发病率明显提高。

1. 流行特点

本病常发生于 2～4 月龄的仔猪，又见于 5～8 周龄的保育仔猪，发病率一般为 10%～15%，严重时病死率可达 50%。在健康猪群中引入带菌种猪时，会引起本病的暴发。

2. 临床症状

以呼吸道症状最为常见，其次为关节肿大、运动障碍，少数为神经症状。

3. 病理变化

初期心包积液、胸腔积液、腹水和关节液增加，继而在胸腔、腹腔和关节等部位出现淡黄色的纤维素性渗出物，严重病例发现心包与心脏、肺与胸膜粘连，或整个腹腔各脏器包括肝脏、脾脏与肠道等粘连。脑膜充血、出血或浑浊增厚，脑回展平，脑沟变浅，脑沟中有浆液性渗出物。渗出物中可见纤维蛋白、中性粒细胞和较少量的巨噬细胞。此外，副猪嗜血杆菌引起的急性败血症中可见皮肤发绀、皮下水肿和肺水肿。

4. 防控措施

(1)预防方案　根据发病特点，首先要做好蓝耳病的防控工作，然后结合副猪嗜血杆菌敏感药物一起使用。用药方案：每吨饲料添加掼蓝膏首(七清败毒颗粒)2 kg+10%氟苯尼考 1 kg(或 20%替米考星 2 kg)，仔猪断奶后连用 7 日，50～60 日龄重复使用 1 次。

(2)治疗方案　每吨饲料添加掼蓝膏首(七清败毒颗粒)4 kg+10%氟苯尼考 1 kg(或 20%替米考星 2 kg)，连用 7 d。

第六章

金华两头乌猪养殖装备设施与数字化

第一节　精准饲喂设施

精准饲喂设施的应用，能有效提高金华两头乌猪养殖业经济生态效益，降低养殖成本，解决劳动力资源短缺。

一、金华两头乌猪智能代谢装备

由浙江省农业机械研究院（金华市农业科学研究院）研制的金华两头乌猪智能代谢装备，主要由自动饲喂机构、粪尿分离称重装置、自调节笼体装置和养殖数据模块组成（图6-1）。自调节笼体装置通过电机驱动笼体上三个相互交错且互不干涉的栅栏来调节精准养殖系统的空间大小，既可以有效地对金华两头乌猪的活动空间进行限制且不会影响猪活动的舒适性，粪尿分离称重装置对金华两头乌猪只产生的粪尿进行分离，尿

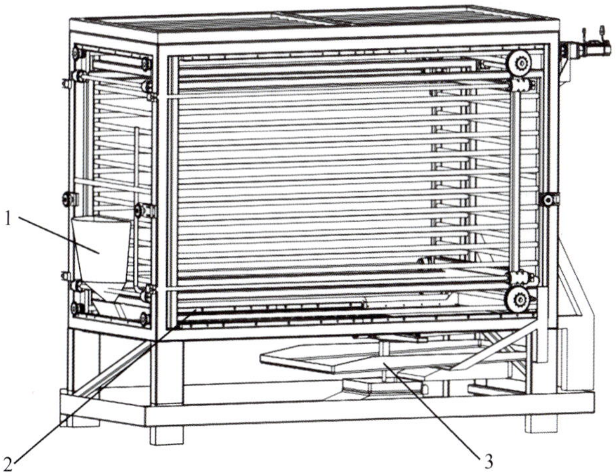

1. 饲喂机构　2. 自动调节栅栏　3. 粪尿分离称重装置

图6-1　金华两头乌猪智能代谢平台示意图

（本图由浙江省农业机械研究院提供）

液落入集尿称重盘中进行称重，粪便经刮粪机构传送到集粪称重盘内进行称重，养殖数据采集分析系统能够得出猪的体重、排泄物、尿液、饲料等多个参数的数值，分析金华两头乌猪的日增重、饲料采食量、饲料转化率等参数。

金华两头乌猪智能代谢平台避免人为因素和猪只之间竞争对金华两头乌猪养殖的影响，使猪只在完全自然的情况下自由采食和精准养殖。金华两头乌猪智能代谢平台的笼体底部设有称重机构，用于对金华两头乌猪只实时称重，尿液测量机构设计在集尿称重盘底部，用于对尿液进行称重计量，集粪盘底部设置有用于对粪便进行称重的粪便承重装置。

养殖数据模块会对金华两头乌猪每次的采食量和排泄量自动采集和记录，并将每次的采食量和排泄量自动累加成为每日的采食量和排泄量上传到数据库，金华两头乌猪智能代谢平台在每日 5 个固定时间测量金华两头乌猪只的体重，系统将每次体重数据进行排序，选取体重测量数值的中位数确定为金华两头乌猪只的当日体重，系统通过对比分析金华两头乌猪只相邻几天的采食量和排泄量的变化情况可判定猪只的健康状态，以便及时发现疾病，提早治疗。养殖数据模块会自动累加猪只养殖阶段的总采食量和总排泄量，结合体重的变化曲线所显示出的体重增长量，可计算出每头金华两头乌猪的饲料转化率和营养需求量，为金华两头乌猪只建立精准养殖模型提供数据。具体工作原理见图 6-2。

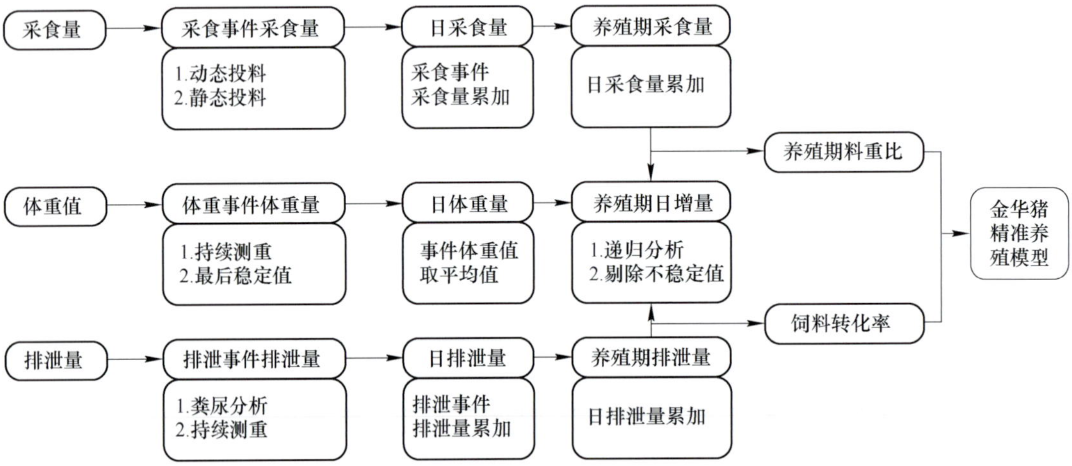

图 6-2　金华两头乌猪智能代谢平台工作原理

（本图由浙江省农业机械研究院提供）

二、金华两头乌猪精准饲养站

精准饲养站为猪只个体自动定量供给饲料，能连续和正确地记录群养条件下每头猪的自由采食量和体重，并对数据进行分析、汇总和排序（图 6-3）。通过一定周期内猪只的料肉比等指标来选育良种或进行饲料配方分析实验。数据库管理系统记录了每头在站种猪每次进站有效采食行为，并以站号、时间、天数、电子耳标或用户名为单位进行排序。当天的采食量为该头猪一天多次采食量的累加；当天的体重是一天中每次有效采食过程中动态称量体重值汇总后重新按照种猪的生长规律科学筛选后得到的一个体重值。每天或某个时间段的数据可以在该系统里导出，再导入用户各自育种分析系统进行更专业、更精确、多角度的统计分析。

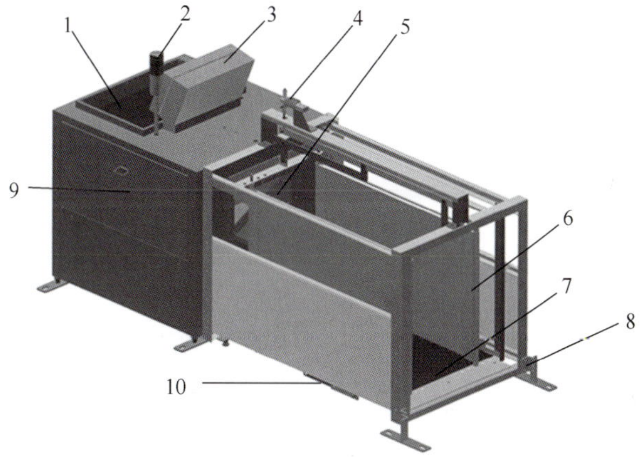

1. 料仓　2. 系统状态指示灯　3. 触摸屏及主板　4. 称重传感器　5. 料盆
6. 体秤　7. 护栏　8. 体秤支架支撑脚　9. 料秤支架侧板　10. 体秤限位件

图 6-3　金华两头乌猪精准饲养站

（本图由浙江省农业机械研究院提供）

金华两头乌猪精准饲养站工作原理：初始状态时（采食开始前），饲喂站入口处自动门设置为打开状态，入口处天线发射射频，等待猪进入。当佩戴电子耳标的金华两头乌猪靠近饲喂站时，入口处天线识别到耳标，关闭入口处天线并开启出口处天线，此时记录下猪的耳标号和开始采食的时间。触发电子秤系统，采集有效的体重和饲料数据，通过算法，确定猪采食前的体重和饲料重量。采食期间，饲喂站入口门关闭以阻止其他金华两头乌猪进入干扰信息的采集。当猪采食结束后，通过出口通道离开，当出口处天线完成识别耳标后，关闭出口处天线并开启入口处天线。系统再次记录采食完成的时间、采食后的体重与饲料重量。采食活动结束，饲喂站等待下一头猪的到来，再次循环整个过程。根据饲喂站子系统采集的猪采食量和体重量的统计，可以评估生猪的生长情况和健康状况。精准饲养站工作原理和数据采集原理过程图，见图 6-4 和图 6-5。

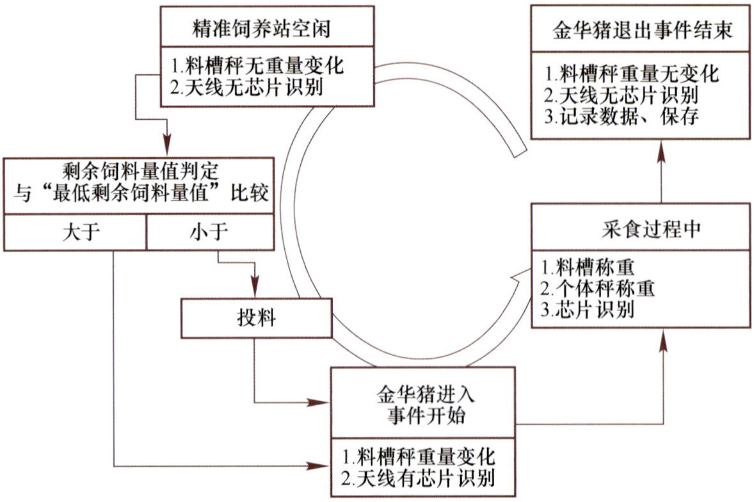

图 6-4　精准饲养站的工作原理

（本图由浙江省农业机械研究院提供）

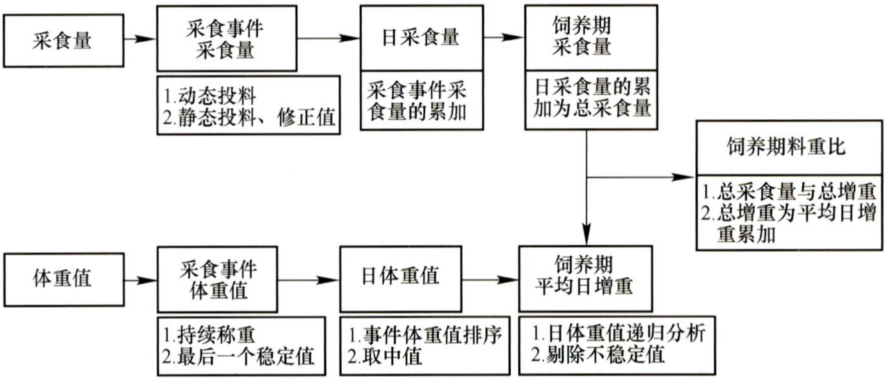

图 6-5　精准饲养站的数据采集原理过程图

（本图由浙江省农业机械研究院提供）

第二节　金华两头乌猪场废弃物处理与资源化利用

据农业农村部公开数据，2021 年我国共产生的畜禽粪污约 30.5 亿 t，其中生猪粪污产量约为 14 亿 t，占总量的 47%左右。金华市作为浙江省的养猪大市，生猪规模化养殖程度逐年提升，同时给生猪养殖业带来环保压力。为了养殖业的健康发展，调整生猪养殖结构，优化生猪养殖品种组合，推广外来猪＋金华两头乌猪的多元生猪养殖模式，建议适度规模种养循环模式，提高养殖业的生态效益、社会效益和经济效益，从而实现金华市畜牧业生态化转型升级。

一、猪场废弃物处理设施

生猪标准化规模养殖场废弃物处理符合《畜禽养殖业污染防治技术规范》(HJ/ZT 81—2001)，污染物排放达到《畜禽养殖业污染物排放标准》(GB 18596—2001)要求；并符合《畜禽养殖污染防治管理办法》等规定，实行无害化、减量化、资源化处理。

(一)猪粪储存和堆放设施

猪场粪污堆放加工区的标准是根据浙江省农业机械研究院项云农技名师工作室(项云金华猪首席专家团队)对金华两头乌猪代谢笼测定而得，按每头体重 100 kg 猪每日粪和尿的排泄量推算，约 1.9 kg 和 8.3 kg 估算。根据猪群的数量结构，计算出每日的排泄量，设计出建造储粪池的大小。储粪池应建在生产区的围墙外，围栏高度不低于 1.2 m，上设避雨设施，下设漏雨设施，便于粪便干燥。储粪池设多个发酵处理区，每个处理池能容纳大约 7 d 的粪便，每个发酵处理区储满 1 周的粪污后，应加盖塑料篷布封实，粪污的发酵时间为 3 周，3 周后清运出场。

养猪场工作人员应及时将粪便单独清出，并将产生的粪便及时运至储存或处理场所，实现日产日清，不宜将尿、污水混合排出，不得将粪便、污物随意堆放和排放。

(二)养猪场沼气工程

利用沼气工程技术处理畜禽粪便，运行费用低、工艺成熟，兼得能源和有机肥料，目前已成为治理规模化养殖业污染的重要手段。

1. 沼气池选址

应选择在背风向阳，远离树木，能够与猪圈、厕所连成一体，进出料方便的地方。

2. 沼气池设计的原则

(1)沼气池的容积以现存栏“1 头大猪 1 m^3”来确定，猪场养殖规模和沼气池的容积相对应。

(2)猪场沼气池可采用“连体多级发酵隧道式”，即针对冬季寒冷的气候特点，采用国际先进的管式送风连体隧道发酵工艺，只有这样才能采用沼液冲圈。

(3)沼气池要采用“水压间气室一体技术”，这样可以减少投资成本。

(4)沼气池要采用“多级连体结构技术”，做到“单一小气室”连体大容积，此技术是将多个单体厌氧发酵池通过管道连接在一起，形成多级连体厌氧发酵池，一般为长方形。

(三)病死猪处理设施

生猪标准化规模养殖场应及时对病死猪及其产品实行无害化处理。生猪规模养殖场内废弃物处理区建设病死猪处理设施，用于对病死猪尸体、流产胎儿、胎衣等进行无害化处理，彻底消灭其所携带的病原体，达到消除病害因素、保障人畜健康安全的目的。现常用的处理设施有化制机、有机废弃物处理机等。

1. 化制机

猪场在采用化制法处理病死猪时会用到化制机。化制法是利用化制机在高温、高压的方式下将病死猪彻底灭菌，然后经过烘干脱水、压榨脱脂、粉碎等程序完全分解为油脂和骨肉粉末的一种方法，常用的工艺有高温高压干化化制和导热油高温干化化制，设备见图 6-6。

图 6-6　病死猪化制机

（照片由童一宁拍摄）

2. 高温生物降解设施

利用有机废弃物处理机（图 6-7）对病死猪尸体进行分切、绞碎、发酵、杀菌、干燥等五大步骤，经过添加专用微生物菌，使其在处理过程中产生的水蒸气能自然挥发，无烟、无臭、环保，将有机废弃物成功转化为无害粉状有机原料，最终达到批量环保处理、循环经济，实现“源头减废，消除病原菌”的功效。

二、规模化养猪场粪尿处理技术

从环境保护角度讲，未经处理的粪尿等废弃物是环境污染的重要污染源，需要对其进行科学的处理以减轻其对环境的污染。从粪尿组分以及特征看，其中含有大量的有机质和营养元素，具有很高的再生利用价值，是一种可利用的宝贵资源。规模化猪场应

图 6-7　高温生物降解设施

（照片由姚爱萍拍摄）

进行生态养殖，推进粪尿科学处理和资源化利用，降低养猪的生产环境污染，从而促进生态效益和经济效益。

（一）粪污的沼气工程处理技术

规模猪场有“猪—沼—果”“猪—沼—鱼”等多种生态循环养殖模式，其中将沼气工程作为一项处理粪污、促进粪污资源利用的关键技术。沼气发酵是目前猪场废弃物及其他有机废水处理的重要环保技术。沼气工程建设的关键是生产工艺的确定。工艺是否合理直接关系到工程的处理效果、运转稳定性、投入资金、运转成本。根据不同养殖场的具体情况，沼气工艺主要有能源生态型和能源环保型两种。能源生态型是指养殖场污水经沼气池厌氧发酵处理后直接作为农作物有机肥料。能源环保型是指养殖场污水经处理达标处理后直接排入自然水体或回收利用。养殖场可根据具体情况选择不同的沼气工艺。

（二）标准化生物有机肥制作技术

商品有机肥根据其加工情况和养分状况，分为精制有机肥、有机无机复混肥和生物有机肥。精制有机肥为纯粹的有机肥料，执行农业农村部行业标准《有机肥料》（NY/T

525—2021)，有机物(干基)≥30%，总养分($N、P_2O_5、K_2O$、干基)≥4%，水分≤30%，pH为5.5～8.5，种子发芽指数(GI)≥70%，机械杂质的质量分数≤0.5%。有机无机复混肥执行的是国家标准《有机无机复混肥料》(GB/T 18877—2020)，有机物含量Ⅰ型≥20%、Ⅱ型≥15%、Ⅲ型≥10%，总养分($N、P_2O_5、K_2O$)Ⅰ型≥15%、Ⅱ型≥25%、Ⅲ型≥35%，水分Ⅰ型≤12%、Ⅱ型≤12%、Ⅲ型≤10%，pH Ⅰ型和Ⅱ型5.5～8.5、Ⅲ型5.0～8.5。而生物有机肥是指由特定功能微生物与经无害化处理、腐熟的有机物料复合而成的肥料，执行农业农村部行业标准《生物有机肥》(NY 884—2012)，有机质(干基)≥40%，水分≤30%，pH为5.5～8.5，有效活菌数量≥0.2亿个/g。

生物有机肥其原料不同，生产工艺也不同。生物有机肥生产工艺流程见图6-8。

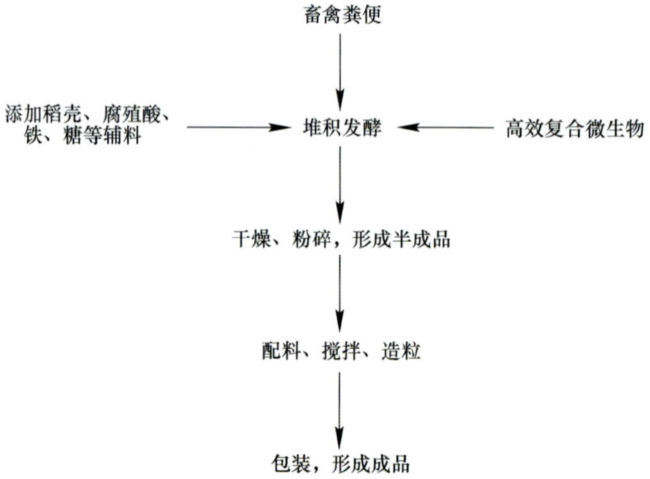

图6-8　生物有机肥生产工艺流程

生产工艺技术要点如下。

(1)在生物有机肥的生产过程中需有效地控制影响有机废物发酵、微生物繁殖的各种因素。主要的影响因素为有机质含量、含水率、碳氮比、堆肥过程的氧浓度和温度以及pH等。

(2)对堆肥产生的恶臭需加以防治和控制，避免二次污染。在堆料中加入发酵剂或快速分解菌可在较短时间内消减臭气，且感官效果较好；或者对堆肥场产生的恶臭气体以生物除臭技术等进行处理。

(3)严格控制原料中的重金属含量，防止在后期的生产过程中微生物中毒以及成品有机肥中重金属超标，污染土壤及农作物。

(4)成品经过分析检测，其有机质、腐殖酸、氮、磷、钾及其他微量元素含量、活菌数等应达到或超过国家标准。

(5)生物有机肥可以调理土壤、激活土壤中微生物活跃率、克服土壤板结、增加土壤空气通透性、减少水分流失与蒸发、减轻干旱的压力、保肥、减少化肥、减轻盐碱损害。在减少化肥用量或逐步代替化肥的情况下,提高土壤肥力,使粮食作物、经济作物、蔬菜类、瓜果类大幅增产,提升品质。

(三)强化好氧堆肥仓生物发酵技术

浙江省农业机械研究院姚爱萍、童一宁等对强化好氧堆肥仓生物发酵技术进行了研究,强化好氧堆肥仓生物发酵原料主要包括金华两头乌猪粪便、尾菜、秸秆、碎枝、废弃基质等。这些废弃物没有得到合理处置及利用,成为农业污染的源头。采用强化好氧堆肥仓生物发酵技术,通过添加发酵辅助物料调节有机固废的碳氮比与含水量等参数,经过预处理将物料的粒径和间隙控制在适合好氧发酵的范围,并强化氧气供应,将有机固废转变为腐熟充分、氮磷钾和有机质含量高、成肥利用效果佳的有机肥料,对促进植物生长、土壤性状的改良均有积极的促进作用。彻底解决农牧业污染源头的产生和排放,推进农业废弃物的资源化利用(图 6-9),生态环保作用十分突出。

图 6-9　农业废弃物资源化利用站

(照片由姚爱萍拍摄)

(四)适度种养循环技术

1. 就地循环转化模式

这种模式适合年出栏金华两头乌猪(等)生猪 500～3 000 头,搭配消纳土地 100～

1 200 亩(1 亩≈667 m^2,下同),就近种植水稻、小麦、蔬菜、果树、茶叶、牧草等作物,确保消纳养殖场产生的粪便及污水。

2. 异地资源化利用模式

这种模式适合年出栏金华两头乌生猪 3 000～5 000 头,且周边缺乏足够配套土地的养殖场,产生的粪污经干湿分离后,干粪经发酵后转运到具有相应规模的农业种植基地使用,沼液可由槽罐车运输到农业种植基地使用,或通过管网提供给农田果园使用,产生的沼气可供养殖场或周边农户使用,实现异地资源化利用。

3. 区域配套、循环共生模式

这种模式适合年出栏金华两头乌猪生猪 5 000～15 000 头的大型规模养殖场,周边配套 1 200～4 000 亩的农林生产基地和养殖场废弃物综合处理中心,通过生物工程系统处理,将养殖场废弃物分别转化成动物蛋白、生物质有机肥、液态有机肥、电力能源等资源,可用于养殖场和配套农林基地,富余资源也可出售增加效益。

4. 生物发酵舍零排放模式

这种模式主要在人口稀少的偏远山区等区域,在合理控制存栏数的前提下,采用生物发酵猪舍养殖模式,采用发酵床+生物菌种发酵技术,把猪粪转化为营养成分较高的生物有机肥,实现低碳环保的绿色循环农业。

三、水生蔬菜资源化利用沼液技术

水生蔬菜具有比陆地植物更加发达的通气系统,使进入植物体内的空气能顺利通向各个器官,满足水下组织、器官呼吸和生理代谢的需求,供给根系微生物生长、繁殖和降解过程中对氧的需求,适应水下空气稀少的环境。

水生蔬菜适宜吸收陆地作物不能直接利用的水中丰富的有机质,具有良好的水体净化功能。每个生长周期,每亩莲藕、茭白可消纳沼液 60～100 t,是陆地蔬菜消纳量的 10 倍以上,而且产品质量安全。氨氮易溶解于水,常规栽培挥发量即比陆地作物减少一半以上,可有效减缓二次污染。水生蔬菜种植田具有良好的犁底层,硝态氮、COD 等向地下水体渗透少。水生蔬菜种类丰富,对营养元素吸收利用具有明显的差异,不同种类之间科学互补。

水生蔬菜是一种高产、高效的经济作物,莲藕、双季茭白的经济产量分别达到 3 000～5 000 kg/亩,生物产量高,这是消纳沼液的物质基础。露地栽培产值 1 万元/亩以上,设施栽培产值可达 1.5 万元/亩以上,在高效消纳沼液、循环利用资源、改善生态环境的基础上,经济效益十分突出。

1. 朱丽娜、杨梦飞等(2020)开展了籽莲消纳沼液的试验研究

现将籽莲高效消纳沼液技术整理如下。

(1)沼液成分及含量测定　灌溉沼液前1～2个月,测定规模养殖场储液池中的沼液主要成分及含量,包括氨氮、COD、重金属等,其中重金属指标应控制在《污水综合排放标准》(GB 8978—1996)规定值的5倍以内。根据氨氮指标,确定每亩灌溉沼液的数量。

(2)种植田选择　种植浅水籽莲的田块,应光照充足,排灌方便,土壤肥沃。由于莲对大多数除草剂十分敏感,要求莲田排灌沟渠相对独立,以免传播病虫害;稻、莲混栽区,则严禁施用过除草剂的药水流入莲田。浅水籽莲,可与茭白、水蕹菜、水芹等水生蔬菜轮作,或实行"莲—晚稻"轮作,控制连作障碍。

(3)整地施基肥　冬季深翻20～40 cm,晒垡除虫灭菌培肥。定植前10～15 d,每亩灌溉氨氮值为2 000 mg/L且完全厌氧发酵的沼液40 t,充分翻耕耙田;定植前3 d,再次翻耕,要求田块平整,泥土滑溜。

(4)选择优良品种　籽莲品种要求适应性广,优质高产抗病,具体品种根据市场需求而定。其中,水果莲子品种,可选择金芙蓉1号、金芙蓉3号和建选35号等;作为加工莲子品种,可选择十里荷1号、太空莲3号、建选17号和建选31号等。

(5)科学定植　种植地春季气温稳定在12 ℃以上即可采用小拱棚定植;气温稳定在15 ℃以上则可露地种植。定植时,要求顶芽尚未明显伸长,种藕顶芽呈15°～30°入土10～20 cm;行距200～250 cm,株距150～200 cm,每穴种植1株。

(6)分次去杂　对于连作田块,须严格去杂,因为成熟的莲子脱落后,可以在数年内萌芽,其中一年内萌芽率达到60%以上,5年内萌芽率达到90%以上。在立叶抽生后、植株封行前,结合中耕除草,分次去除叶片丛生、叶片大小如硬币、叶柄柔软浮水生长的莲苗。

(7)分次追肥　籽莲常规追肥技术(图6-10),一般分别在立叶期、始花期、花果期分次施用,以化学肥料为主。追肥期间增施沼液,可以有效促进植株健壮生长,减轻病虫危害。因此,70%籽莲植株抽生第一片立叶时,施用促叶肥,每亩灌溉氨氮值2 000 mg/L且确保充分厌氧发酵的沼液10 t,进入莲田后氨氮浓度控制在500 mg/L以内。30%籽莲植株长出花蕾时,施用始花肥,每亩灌溉氨氮值2 000 mg/L且确保充分厌氧发酵的沼液10 t,进入莲田后氨氮浓度控制在500 mg/L以内。以后每间隔15～20 d施用一次花果肥,共施4～5次,每次灌溉氨氮值2 000 mg/L且确保充分厌氧发酵的沼液10 t,进入莲田后氨氮浓度控制在500 mg/L以内,复配硫酸钾复合肥(N∶P_2O_5∶KO_2=15∶15∶15)10 kg。终花期以后,严禁施用沼液。籽莲追肥新技术,则在初花期一次性施用

硫酸钾复合肥[N∶P_2O_5∶KO_2=(20～25)∶(8～10)∶(15～20)]75～100 kg,沼液灌溉技术同常规追肥施用技术。

(8)科学灌溉　基肥施用沼液以后,田间水层能见度明显下降,因此,籽莲定植后至立叶抽生前,气温、水温较低,田间保持 3～5 cm 浅水即可,利于增温促长(图 6-11)。初花期以后,当室外气温达到 25 ℃以上时,田间水层保持约 10 cm;当室外气温达到 30 ℃以上时,田间水层保持约 20 cm。终花期以后,水位下降到 5 cm 以下,促进莲藕充实。叶片枯黄后,田间保持 30 cm 以上深水越冬。

(9)病虫害防治　预防为主,综合防治。农业、物理、生物防治为主,化学防治为辅。主要病虫害及防治措施见表 6-1。

①物理防治。封行前,田间放置黄板诱杀蚜虫;5 月中旬以后,每 10 000 m^2 田间安装 1 盏频振式灭虫灯,诱杀斜纹夜蛾、甜菜夜蛾等夜蛾类成虫。

②生物防治。采用斜纹夜蛾性诱剂诱捕斜纹夜蛾成虫。6 月上旬,每亩莲田放置 2 个斜纹夜蛾专用诱捕器,诱捕器底部高出莲叶顶部 20～30 cm,每个诱捕器内放置斜纹夜蛾性诱剂芯片 1 支,每 30 d 诱芯更换 1 次。

③化学防治。按照 GB/T 8321(所有部分)和《中华人民共和国农药管理条例》的规定,合理用药防治病虫危害。

(10)采收

①水果莲子采收。当花托明显膨大且边缘稍有皱缩,莲子呈淡绿色,果实饱满充盈,种子内含有较多的水分,此时为水果莲子采摘适期。6 月份和 9 月份,谢花后 15～20 d 采收;7—8 月份,谢花后约 15 d 采收。当天采收当天销售。

②加工莲子采收。莲子与莲蓬孔格稍有分离,莲子果皮呈浅褐色时采收。梅雨季节和伏季高温天气,每隔 2 d 采收 1 次;秋季每隔 3 d 采收 1 次。当天采收当天加工。

③采收方法。清晨或傍晚采摘。采摘鲜食莲子,保留 10～20 cm 花柄,捆扎整齐放置阴凉处待售。采摘加工莲子,只摘下莲蓬,不带花柄。采摘时按顺序进行,漏采的老莲蓬应清理出莲田。

表 6-1　籽莲主要病虫害及防治措施

病虫害名称	为害时间	防治措施
蚜虫	4—6 月份	盛发初期选用 10%吡虫啉可湿性粉剂或 25%吡蚜酮可湿性粉剂兑水 1 500 倍或 25%噻虫嗪 7 500 倍喷雾,隔 15 d 再防治 1 次。安全间隔期 7 d。

续表 6-1

病虫害名称	为害时间	防治措施
斜纹夜蛾	6—10 月份	3 龄前幼虫群集为害，人工捕杀。 2 龄前幼虫为害严重时，选用苏芸金杆菌 100 亿孢子/g 的菌粉 2 000 倍液或 10%氟虫双酰胺 3 000 倍液防治。 3 龄后幼虫为害严重时，用 5%苜蓿银纹夜蛾核型多角体病毒 1 500 倍液或 20%氯虫苯甲酰胺悬浮剂 3 000 倍液喷雾防治。
莲腐败病	5—6 月份	发病初期拔除病株，在病株周围撒施新鲜熟石灰 0.5 kg/m^2，每亩莲田用 70%甲基硫菌灵 1 kg 或 50%多菌灵 0.5 kg，拌细，堆沤 6～8 h 后全田撒施，24 h 后灌水。同时，每亩莲田喷施恶霉灵 2 000 倍药液 50 kg，每隔 5～7 d 喷施 1 次，连喷 2～3 次。
褐斑病	5—8 月份	发病初期，摘除病叶，全田喷雾 70%甲基硫菌灵可湿性粉剂 800～1 000 倍液，或 10%苯醚甲环唑 2 000～3 000 倍液，或 10%咪鲜胺锰盐 1 000 倍液等防治，每隔 7 d 防治1 次，连喷 2 次。

注：1. 如水体养殖鱼蟹，应慎用甲维盐或阿维菌素等杀虫剂。
2. 设施栽培田块，虫害为害高峰期提前。
3. 农药交替施用。
4. 严格遵守安全间隔期销售。

图 6-10　沼液在水生蔬菜中资源化利用

（照片由张尚法提供）

图 6-11　沼液资源化利用(藕田消纳沼液)

(照片由张尚法提供)

2. 叶勇标、杨梦飞、张尚法等(2017)开展了双季茭白消纳沼液的试验研究

现将双季茭白高效消纳沼液技术整理如下。

(1)沼液成分及含量测定　灌溉沼液前 1～2 个月，测定规模养殖场储液池中的沼液主要成分及含量，包括氨氮、COD、重金属等指标，其中重金属指标应控制在《污水综合排放标准》(GB 8978—1996)规定值的 5 倍以内。根据氨态氮指标，确定每亩灌溉沼液的数量。

(2)优良品种选择　双季茭白对光照敏感性较弱，但对温度敏感性极强，适宜的温度条件是孕茭的关键。一般情况，建议早、中、迟品种搭配种植，错开上市时间，可取得较好经济效益。早熟优质双季茭白品种，主要有浙茭 7 号、浙茭 8 号、浙茭 911 等；中迟熟双季茭白品种，主要有浙茭 6 号、浙茭 10 号、龙茭 2 号、余茭 4 号等。

(3)大田准备　茭白产区水旱轮作相对较困难，但仍然应该尽量与莲藕、水稻等作物轮作，减少病虫危害，利于优质高产。定植前半个月，结合整地，每亩灌溉充分厌氧发酵的氨氮值为 2 000 mg/L 的沼液 30～40 t；移栽前 2 d，每亩施碳酸氢铵 50 kg、过磷酸钙 25 kg、氯化钾 20 kg、硼锌肥 1.5 kg，整细耖平备用。

(4)秋茭栽培

①适时定植。早熟品种 6 月底至 7 月初定植；中迟熟品种 7 月中下旬定植。定植密度为 1 m×0.5 m。

②水层管理。秋茭定植，气温高，茭白种苗宜随挖随栽，以免烂苗，而且田间水位保持在 15 cm 以上；定植 1 周后，种苗成活，及时降低水位到 5 cm 左右，促进分蘖；定植后 40 d，及时去除主茎，促进分蘖生长；孕茭至采收期，水位提高到 10～15 cm。

③施肥。一般情况下，由于施足沼液，不施茭白分蘖肥；迟熟品种，在种植后 40 d 左右，灌溉 1 次沼液，每亩用量 10 t，进入大田沼液浓度控制在 500 mg/L；孕茭肥施用过早，会发生徒长，茭白孕茭率降低，品质变劣。当 50%茭墩孕茭后施用较适宜，每亩施用复合肥 20 kg 或每 5～7 d 施用碳酸氢铵 30～40 kg。

④病害防控。灌溉沼液以后，茭白病虫为害明显减轻，但是仍然要注意预防。重点在分蘖后期，孕茭前半个月，选用 30%苯甲・丙环唑乳油 5 000 倍液预防 1 次病害。

⑤去杂去劣。孕茭期和采收期，应及时挖除灰茭、雄茭及结茭少的茭墩，保持品种纯度，确保夏茭产量和品质。

⑥及时采收。茭白露白时及时收获。采收时割除壳茭，注意不要撕伤邻近的分蘖。

(5)夏茭管理

①田间清理。秋茭采收后，加强田间管理，排干积水，适当搁田，促进根系生长。气温降到 5 ℃以下时，茭白叶片就开始枯黄，地上部分枯死后，齐泥割除，带出田外资源化利用，减少田间病虫越冬基数。

②施足基肥。割除地上茎叶 10 d 后，每亩灌溉充分厌氧发酵的氨氮值为 2 000 mg/L 的沼液 20 t，进入大田氨氮浓度控制在 500 mg/L；复合肥 25 kg、氯化钾 15 kg。田间落干后 1 周，再覆盖地膜。

③盖膜揭膜。地膜覆盖时间，宜控制在 1 月底至 2 月上旬；茭白种苗高度达到 20～30 cm，及时揭膜。

④肥水管理。苗高 10～20 cm 时，施用促蘖肥，灌溉 1 次沼液(图 6-12)，每亩用量 10 t，进入大田沼液浓度控制在 500 mg/L；隔 10 d 施 1 次促蘖肥，每亩施用三元复合肥

10～15 kg。70%茭墩孕茭后，每亩施用复合肥 30 kg 或每 5～7 d 施用碳酸氢铵 30 kg，促进茭白膨大，提高产量。注意碳铵不要施在茭墩上，防止肥害。

（6）水分管理　施用基肥后，即灌溉浅水，除孕茭期、采收期保持水位 10～15 cm 外，其他时期保持 3～5 cm 浅水即可。

（7）分次间苗　茭苗 2～3 叶期，用手重压茭墩中间小苗，再取茭墩周围的泥土覆盖；茭苗高 20～40 cm 时，间苗，每墩留 20 株壮苗，以后保持这个苗量，直至孕茭。

（8）及时采收　茭白露白时及时收获。采收时用手从基部拧断壳茭，注意不要撕伤邻近的分蘖。

图 6-12　沼液资源化利用（茭白消纳沼液）

（照片由张尚法提供）

第三节　智慧猪场

翁晓星、王可等(2021)研究认为,随着科学的发展和技术的进步,计算机控制技术、信息技术、人工智能等技术越来越广泛地应用于养猪业中,为实现生猪精准养殖奠定了重要的基础。把握行业管理和产业发展的迫切需求,顺应信息化发展潮流,以生猪产业为重点,是畜牧业高质量发展的有力支撑。从生猪养殖企业来讲,当前物价上涨,养殖成本上升,养殖企业需要有先进技术的自动化、智能化设备,信息化、数字化的管理手段来降低成本,提高生猪的附加值和企业的养殖效率。从消费者方面来讲,经济的快速发展带来生活水平的不断提高,以及对自身健康和生存环境的高度关注,人们对金华两头乌猪的高品质肉类需求日益强烈。加快规模化养猪场数字化改造,支持创建一批高效实用的智能养猪场,推进猪舍环境感知、生物安全防控与净化管理、养殖废弃物资源化利用等设备智能化升级,推动生物监测、电子识别、自动称量、精准上料、移动巡检、远程诊疗等数字化技术集成应用,建设养猪场生产全过程智能管理平台。

一、金华两头乌猪体尺测量技术

猪的体尺参数能够反映猪的生长发育状况,可作为衡量猪生长发育情况的一个主要指标。在种猪选育、肉质评价以及饲养管理等方面,猪体尺也是一个重要指标。

(一)传统采集方法

传统的动物体尺等生长参数采集方法可分为接触式直接测量方法和模型估算间接测算方法。接触式直接测量方法一般是由人直接利用皮尺或者测杖等工具进行手工测量。如体宽、体高利用硬尺量取,体长、胸围、腹围等用软尺沿背中线紧贴体表量取,臂长、臀宽、腿围、胸深等采用规尺量取。此外,一些对生产管理或者育种具有重要意义的猪体信息是不易直接获得的,如猪背部、前后腿部及臀部等的尺寸也是猪体性能的考察指标,但是不易客观获得,现有条件下只能通过人为主观判断,进行外貌评分,具有一定的主观性。猪生长信息的另一种获得手段是模型估算,主要是基于尺寸、体重等之间的相关性来实现的。通过建立体尺、体重、背膘厚等之间的相关模型,进行估测体重。

传统的体尺、体重、背膘厚等测量手段,无论采用的是接触式直接测量法,还是通过经验模型拟合,对猪体都会导致应激。都需要一些数据的接触式直接测量,需将猪放置或者驱赶到秤台上,与猪体产生接触,对猪体应激较大,特别是对于育肥期的猪,应激影响更为严重，导致日增重急剧下降，违背动物福利。另外，传统的测量方法操作烦琐，需要大量的人力物力，且人为误差较大。

（二）三维动态模型建模技术

浙江省农业机械研究院（金华市农业科学研究院）翁晓星、中国计量大学王可等（2021）研发出金华两头乌猪三维动态模型建模技术，该技术通过图像处理技术及三维重构技术，开展无接触无应激的猪体尺参数测量方法的研究得到迅速发展。猪的视频、图像信息包含了其自身对环境等外界因素的适应性。通过分析动物生长参数间的相关性，利用计算机视觉技术无接触地获取猪体图像，通过分析数字图像来获取猪体长、体高、体宽等体尺参数，通过其相互关系，进而估算不易直接获取的生长参数。减少人为对动物应激，实现其福利养殖，提高其产品质量。在图像处理动物生长信息提取研究中，主要集中在图像的采集研究、图像处理研究和模型研究等几方面。为了满足精细养殖的需要，实时、高精度获取动物生长参数，在采集到相对标准的图像基础上，研究的关键点在图像处理算法及模型研究。

在动物生长信息提取的图像处理算法研究方面，国内外学者开展了大量研究，杨艳等以贴在猪背部已知尺寸的纸块为标准，用数码相机采集猪体图像，提取猪体高和体长数据，研究了种猪背部去除头部和尾部后剩余的投影面积和体高与体重的相关性。付为森等利用双目视觉技术，提取其猪体轮廓及其背部区域三维特征点，实现猪体高的测量。国内其他相关的研究则主要集中在猪肉品质定级方面。

如今，结合现代养猪工艺和金华两头乌猪生长习性，利用视觉猪体视频图像采集平台，采集相关猪体图像数据，用于猪生长发育情况的监测。图 6-13 为技术人员在现场采集金华两头乌猪体尺数据。

图 6-13　采集金华两头乌猪体尺数据现场

（照片由翁晓星拍摄）

二、金华两头乌猪猪场云平台管理智能系统建设

(一)智能养猪

智能养猪是把工业上智能制造的理念迁移到养猪业，围绕养猪管理构建更广泛的网络化平台，在此平台基础上可以更广泛地协同集成各类软硬件和最新的技术，从而基于养猪产业生产等多场景开发相应的产品和服务，带动整个行业的转型升级。

目前，我国智能养猪还处于初级阶段，很多技术需要结合产业继续深入研发，包括视频、图像、声频等识别的准确性以及物联网设备等的不断迭代升级。同时需要产业链关键环节的数据、设备以及系统间的连接和打通，以实现数据互联互通，这要求产业和新技术的深度融合。而数据是智能养猪发展的核心驱动力：政府需要对数据进行宏观调控；猪场的管理人员关心数据，需要考核；行业管理者、科技工作者等都需要猪场数据，因此猪场数据相当重要。养猪生产中的关键问题必须从数据中来。当有了这样的大数据之后，科技人员就会知道如何攻克养猪生产中的障碍。从商务上来讲，在养猪生产中，如果要做好商务，就需要了解养猪生产管理及产品等在市场上的情况，以依靠精准的数据来推断。从价值上来讲，全面性的大数据是十分有意义的。

按照浙江省促进畜牧业发展的指导意见，金华两头乌猪按照标准化、绿色化、规模化、循环化、数字化、基地化的“六化”引领，金华市建成了一批高质量、高标准、高水平的现代化养殖场。这些养殖场实现的智慧养殖，归纳起来主要从三个方面着手：采用数字化的养殖管理，代替人工记账式管理；采用物联网的环控系统，代替了简单的环控系统；采用智能分栏养殖新模式，实现了规模化的室内散养。

1. 繁殖管理

记录母猪整个繁育阶段流程业务操作和各阶段跟踪记录管理包含查情、配种、妊娠检查、空返流、分娩、断奶等不同阶段，结合测定站数据，形成种猪个体档案，通过种猪档案能够判断其繁育性能，挖掘优良基因，为金华两头乌猪的优种选育提供准确的数据支撑。

2. 生长管理

生长管理系统包括档案管理、转舍管理、防疫管理、生产计划、淘汰管理、购销管理、成本核算，结合测定站日常测定数据与系统绑定使其信息更加全面。

(1)档案管理　猪只基础信息相当于猪只在系统中的档案记录。根据猪只的分类，猪只基础信息可分成猪只档案和批次信息两部分，包括猪只基础信息、电子耳标和批次

管理等功能。

(2)转舍管理　调拨、转舍是养殖场最基本的猪只变动业务,也是成本核算的数据基础组成部分。

(3)防疫管理　良好的防疫管理是制订科学的免疫程序和合理的疾病防疫措施,免疫程序科学的养殖场,具有传染病发病率低,染疫机会少,经济效益高的特点。疾病防疫包含免疫计划、免疫记录、疾病记录、治疗记录和解剖记录等功能。

(4)生产计划　计划任务模块是提供给用户制订计划,并由系统根据计划自动提醒用户去完成任务的功能模块。计划任务模块包括计划制订和计划提醒功能。

(5)淘汰管理　猪只死亡记录录入、淘汰记录登记及解剖任务单的建立和分析存档管理。

(6)购销管理　包括购买功能、销售管理以及与财务系统数据对账和核对管理。

(7)成本核算　批次猪期初成本,生产阶段成本,最终可销售成本的测算与结算管理功能。

(二)智能养猪云平台

对于生猪产业而言,只有在一个平台上形成整体数据,才能看到整个产业的全貌,了解生产成绩的提升空间等关键数据,进而依据大数据指导养殖企业、饲料企业等进行合理的生产规划。而云平台的出现,为数据平台的搭建提供可能,促进猪场数字化转型发展。以前企业搞信息化建设要买一堆计算机设备,培养一批专业的技术人员,还要做很多复杂的工作,一次性投资很大。企业上云平台不只是 IT 的升级,更重要的是通过云平台实现企业的业务创新和管理变革。

随着技术的不断成熟和与产业的深度融合,平台化的优势会更加突出。一方面,猪场大数据服务平台拥有庞大的猪场用户群体,能够提供广泛的应用场景和海量的行业数据,为技术的发展提供丰富的分析与应用资源;另一方面,平台能够整合各类行业主体,提供优质高效、低成本的运算能力和服务。通过海量优质的多维数据结合规模计算力的投入,以应用场景为接口,平台将构建覆盖全产业链的生态模式,满足用户复杂多变的实际需求。

1. 金华两头乌猪智能养殖本地控制与监视系统

智能监测系统是通过传感器实时检测猪舍的信息,如光照、温度、粉尘、二氧化碳、氨气等,当这些参数与养殖的适应参数有偏差时,可以利用由单片机控制的外围设备(通风扇、补光灯、暖风机、水帘等)来优化环境信息参数,当达到最佳养殖条件时,外围设备会自动停止工作。

2. 金华两头乌猪养殖工厂精准饲喂等关键设备与全过程信息采集系统

精准饲喂系统(图 6-14)通过在生猪的耳朵上佩戴电子标签,并对生猪的体重和食量进行精确的测量和配料。当金华两头乌猪进入监测站时,人工扫描生猪的电子耳牌号码,并通过系统进行分析,计算出生猪当前的采食量。系统根据生猪的体况、生长阶段、疫情等进行精确的调控和分段投料。

图 6-14　精准饲喂设备展示图

(朱一丹拍摄)

3. 手机客户端智慧化金华两头乌猪养殖场

工作人员可通过养殖 App 实时将养殖信息显示给养殖户和客户,使养殖过程更加透明化和安全化;运用养殖 App 可以对育种、生产、养殖、流通、检疫等环节进行详细记载。实现智能盘猪、智能称重、膘情监测、智能饲喂、可追溯管理,从而大大减少人员介入,降低生猪感染疫病风险。

(1)环境监测　对猪舍温度、湿度等环境指标的实时监测,通过持续改进控制算法模型,精准控制各种接入设备,找到最佳运行模式,降低成本,保持合适的通风量及温差波动不大于 0.5 ℃,使猪只处于舒适的生长环境,提高抗病能力。实现养殖环境数据上传至云端,同时以图形化的方式呈现在控制器液晶屏、口袋牧场 App 或养殖平台软件上(图 6-15)。养殖管理人员无论何时何地都可以了解每栋猪舍即时的环境情况,也可以有效回顾和分析历史数据,为养殖环境改善提供数据支持。

(2)环境控制　接入各型风机、湿帘等降温设备,设备类型和数量可定义,设备运

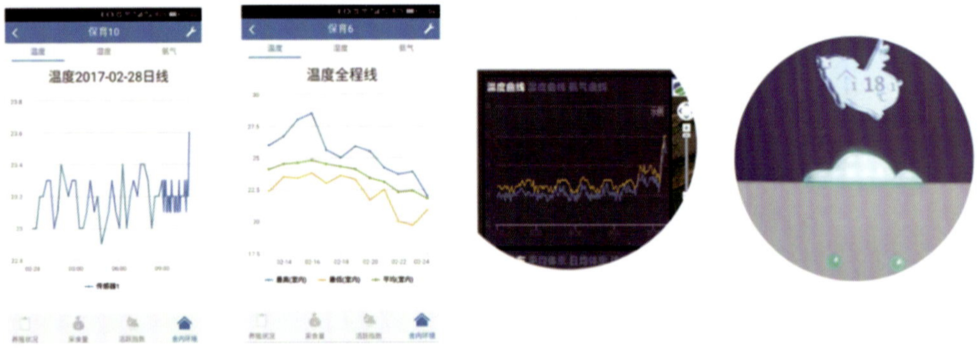

实时监测　　全程监测　　平台监测　　现场实时监测

图 6-15　环境监测界面

（截图由秦兴提供）

行挡位及时间可依据猪舍目标温度灵活配置。配置用户账号及权限统一管理，配置操作日志可查询，确保操作安全（图 6-16）。配置与监测一体构成控制闭环，及时精准调控猪舍环境。远程配置参数和远程升级程序。无须现场操作，有效降低生物安全风险。

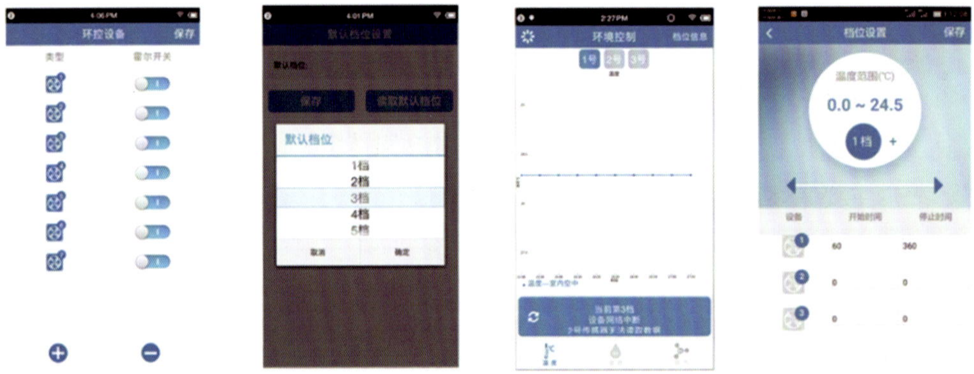

设备定义　　默认挡位　　现场设置　　远程控制

图 6-16　环境控制界面

（截图由秦兴提供）

（3）危险预警　实现对温度异常、断网、停电、风机故障等多种报警，报警信息通过液晶显示、App 消息推送、手机短信、现场声光或手机电话等方式送达（图 6-17）。控制器内含 24 V 电池可供猪舍断电后传感器数据 12 h 续传及报警信号正常发出。猪舍环境关注程度、报警级别和报警送达方式可灵活配置。有效预警猪场环境异常，快速解决猪场环境问题。

图 6-17　危险报警界面

（截图由秦兴提供）

4. 区域性云平台

基于互联网、大数据、5G 等技术，构建高效的猪场智能化管理体系和生产经营决策系统，对猪生长全维度监测，控制生长环境，降低养殖成本，提升产出效率。

三、基于智能分栏的室内散养

（一）养殖模式的进化

猪最早来源于大自然，通过人类几千年的驯化一部分脱离野性成为家畜。这种原始的散养现在少量存在，但养殖的肥猪价格很贵。圈养是一种小作坊式的家庭养殖，目前一些散户主要采用这种方法。栏养是目前主流养殖模式，但是这种养殖方法一方面非常粗放，无法实现精确饲养；另一方面因为空间狭小，猪活动量不足，会产生郁闷情绪，导致抵抗疾病能力弱。而在一个较大范围里的群养模式，猪活动量明显增大，更接近于天热散养，因而更加健康，但同时养殖规模较大。综合考虑动物健康和养殖规模可以看出，群体养殖是最佳的选择，这也符合“分久必合，合久必分”的自然法则。猪养殖的发展规律，见图 6-18。

（二）智能分栏站原理

猪对吃、喝的记忆力强，它对饲喂的有关工具、食槽、饮水槽及其方位等，最易建立起条件反射。例如：小猪在人工哺乳时，每天定时饲喂，只要按时给以笛声或铃声或饲喂用具的敲打声，训练几次，即可听从信号指挥，到指定地点采食。由此说明，猪通过任何训练，都可以建立起条件反射。它们每天必须要采食和饮水，吃干料的猪每次采食后立即需要饮水，自由采食的猪通常采食与饮水交替进行。基于这些习性，将传统猪舍众多狭小的栅栏拆除，以智能电子栏将猪舍分为休息饮水区和多个采食区，动物由休息饮水区

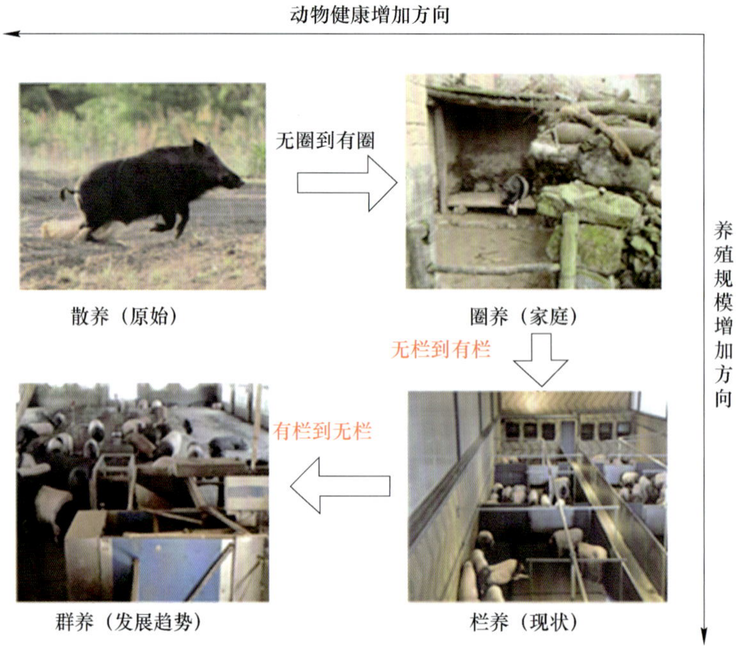

图 6-18　猪养殖的发展规律

（图片由秦兴提供）

进入智能电子栏，通过智能电子栏控制到不同的采食区进行采食，采完食后又回到休息饮水区，中间不会产生任何应激反应（图 6-19）。该养殖模式曾在金华某牧场的金华两头乌猪养殖中得到了成功实践，见图 6-20。

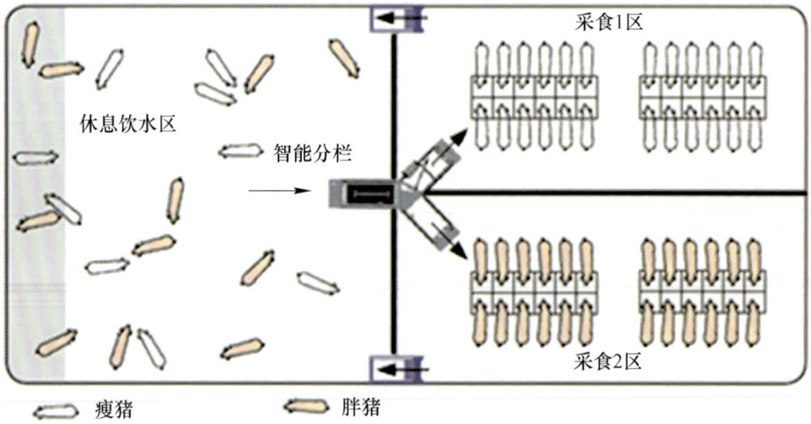

图 6-19　室内散养示意图

（图片由秦兴提供）

图 6-20　金华两头乌猪的分栏站

（照片由金华市金东区大堰河农牧场提供）

四、可移动式智能猪舍

浙江省农业机械研究院（金华市农业科学研究院）朱一丹、项云、童一宁等（2022）对可移动式智能猪舍进行较系统的研究，该智能猪舍由可移动箱体根据现代化猪场设计理念，在箱体内部安装相关养猪设备组成的小单元猪舍——箱体智能猪舍（图 6-21、图 6-22），箱体智能猪舍养猪系统同时具有物理性和微生物的生物安全保障，是一种生物安全性较高的养殖模式，其可在最大程度避免有关疫病的感染及传播（图 6-23）。

图 6-21　可移动式智能猪舍外观效果图

（照片由朱一丹拍摄）

图 6-22　可移动式智能猪舍内部实景展示图

（朱一丹截图）

图 6-23A　箱体养殖杂交猪舒适环境

（项云截图）

图 6-23B　箱体内环控效果理想有利于猪生长

（项云截图）

图 6-23C　金华两头乌猪箱体养殖

（项云截图）

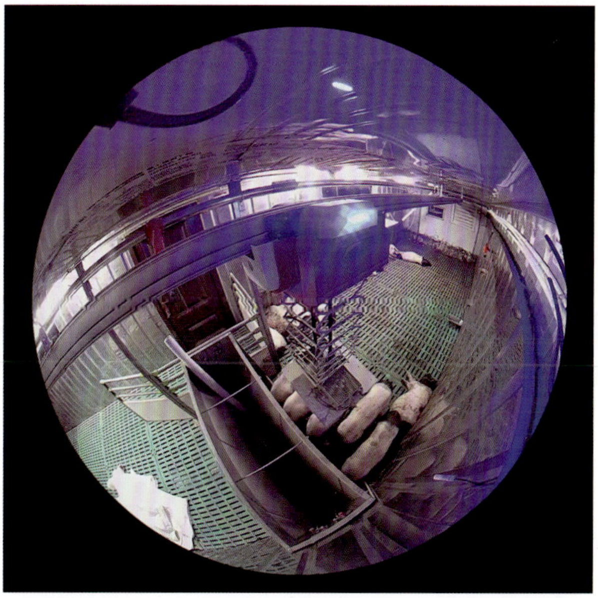

图 6-23D　金华两头乌猪箱体养殖监控及体温测定

（项云截图）

（一）可移动式智能猪舍的构造

1. 猪舍的整体设计

可移动式智能猪舍，由箱体（集装箱、板组装箱）、排污系统、粪污处理系统组成。以标准集装箱（长×宽×高为 12.20 m×2.44 m×2.90 m）或其他板组装箱为载体，集装箱上层为育肥猪活动区域。根据需求，布局设计有监控、风机、水帘、喷雾装置、饮水线、饲喂器等;下层粪污处理区域为粪污堆肥室;上下两层由漏粪地板隔开。

2. 封闭和半开放猪舍

根据养殖户的需求,可进行集装箱和简易板房设计,在地域空旷的田园里配备可移动式猪舍。利用箱体(集装箱、板组装箱)改建成温度、氨气等智能环控的可移动封闭猪舍和半舍饲的猪舍即半开放式猪舍,白天在舍外活动,恶劣天气和晚上回到舍内休息的猪舍。

3. 猪舍类型比较研究

结合成本和养殖环境等因素,对集装箱和简易建材板组装箱进行适应性和可操作性比较研究,得出不同区域和生猪养殖需求,可选择适合的箱体进行智能箱体养殖。

(二)智能模块集成技术研究

1. 智能监控

安装全方位智能摄像头,摄像头全天候采集,实时记录视频和图像信息,传输到系统平台。系统内研究建立猪只识别模型,猪只日常行为统计模型,猪只特异性行为检测模型,场内生物入侵识别模型。

2. 智能环控

在箱体内不同部位安置温度、湿度、光照、二氧化碳浓度、氨气浓度等环境指标的无线传感器,全天候监测和采集各指标数据,实时传输至系统平台,平台内建立猪场环境自动预警模型;并依据排气扇不同的排气功率在箱体(集装箱、板组装箱)内不同空间位点进行气流速度、温度、湿度和氨气浓度检测,及猪生长速度的测定,获得箱体内不同空间位点合适气流、适合温湿度及最小氨气浓度环控参数,达到最有效的猪生长速度。

3. 智能饲喂

箱体外安置自动投料设施,根据猪生理和生长阶段实现公猪、怀孕母猪、分娩母猪、生长育肥猪等的不同饲喂模式,到达精准饲喂,提高养殖效益。

(三)智能粪污处理系统研究

在箱体(集装箱、板组装箱)内通过中控系统控制环保模块,利用厌氧氨氧化工艺(ANAMMOX)和臭氧技术相结合的技术进行异味消除技术。厌氧氨氧化工艺是在粪污中加入适量氨氧化菌(AOB)和 ANAMMOX 菌(AnAOB),养殖粪污显现周期性的胀缩变化“类肺呼吸”,NH_4 可在厌氧条件下转变成 N_2,达到减少氨气排放的目的(臭氧主要是针对箱体内的有害气体进行消除处理)。从而促进粪尿发酵熟化和异味的消除,养殖生产全程有害气体零排放;固体废弃物经环保模块处理后进入有机基肥生产模块或作为有机肥半成品外售给有机肥加工厂利用。

(四)可移动式智能猪舍综合管理平台

依据模块化设计,对智能监控、智能环控、智能饲喂等进行系统控制研究,建立一个可移动式智能猪舍综合管理平台,对猪体和猪舍内环境等进行监控和自动调节等功能(图 6-24)。

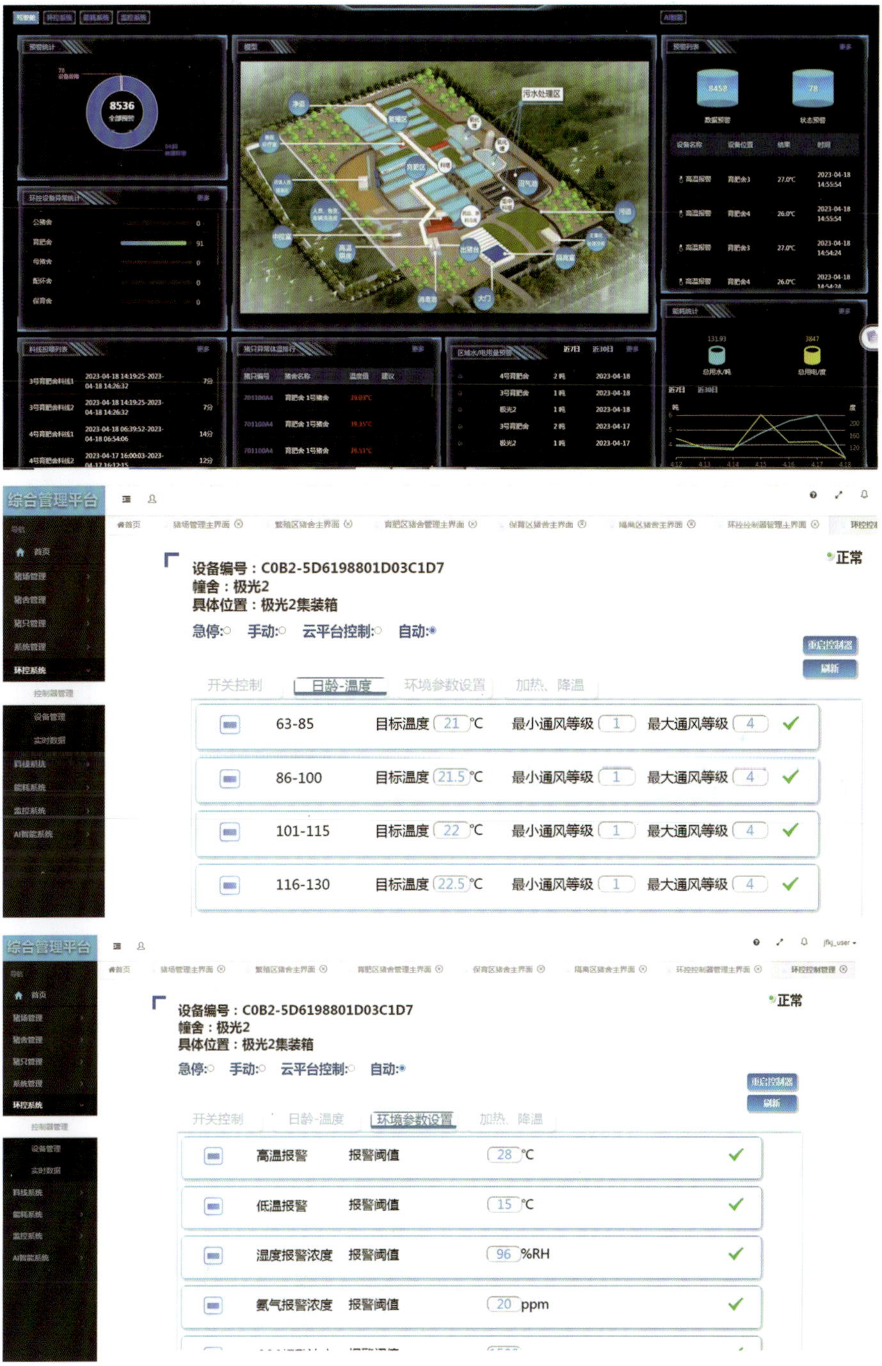

图 6-24　可移动式智能猪舍综合管理平台

(朱一丹截图)

（五）可移动式智能猪舍的优点

可移动式智能猪舍充分利用其封闭性、可移动性的特点，避免外界接触，有效阻隔猪疫病的传播；通过智能化养殖模块的叠加，实现猪舍内微环境温度、湿度、光照、CO_2浓度等主要参数实时显示且具有自适应调节功能，从而减少饲料的浪费、减少工作人员数量进而降低各种病原体侵入的机会。

1. 控疫情防感染

可移动式智能猪舍具有良好的密闭性和移动性，可有效避免生猪与外界接触，有效阻隔猪疾病的传播；发病单元可快速转移，进行“拔牙式”处理。

2. 保耕创收

可充分利用地形地貌，不破坏耕土层，退养后易复耕。

3. 满足环保要求

通过最新的厌氧氨氧化工艺和臭氧技术相结合的生物等技术减少有害气体的产生及粪尿发酵熟化，养殖生产全程零排放，配套空气处理和有机基肥生产模块，做到真正绿色环保。

4. 智能养殖

可移动式智能猪舍可以通过自动控制模块实现猪舍微环境的实时监测，并根据猪群最佳生长环境实时调整环境参数和饲养参数，给生猪提供适宜其生长发育的舒适环境，避免由于高温高湿引起生猪的热应激性行为。既能提高生产性能、改善猪肉品质，又可减少饲料浪费和猪场环境污染。

第七章

金华两头乌猪产品开发及深加工

第一节　金华两头乌猪肉的分割与加工

金华两头乌猪在屠宰后，按照一定的标准进行分割，便于进一步加工或作为鲜肉提供给消费者。一般将猪肉分为头、肩、背、腹、臀、腿等几大部分，见图 7-1。

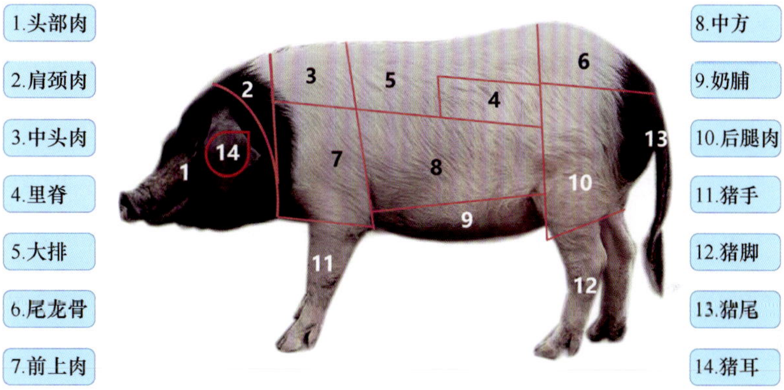

图 7-1　金华两头乌猪肉分割图

（图片由金华市畜牧农机发展中心提供）

头部肉皮厚、质地老、胶质重，适宜凉拌、卤、腌、熏、酱腊等，可以加工成酱猪头等。

肩部肉俗称枚肉，肉皮薄，微带脆性，瘦中夹肥，肉质较嫩，适宜卤、蒸、做汤或回锅肉等。

颈部肉质地老、肥瘦不分，适宜做包子馅、饺子馅等。

背腰肉中，里脊肉肉质嫩、肥瘦相连，适宜卤、凉拌、腌、酱腊或做回锅肉，肥膘部分可加工成熟猪油等。大排肉皮薄，有肥有瘦，肉质较好，适宜蒸、卤、烧、煨、腌，做粉蒸肉、红烧肉等，可以加工成酱大排。

肋腹肉一层肥一层瘦，肉质较嫩，肥瘦相间，皮薄，适宜烧、蒸，可以加工成扣肉、红烧肉、腊肉、东坡肉等。

后腿肉质嫩，肥瘦相连，皮薄，适宜卤、腌等。金华两头乌猪后腿肉最适合加工成金华火腿。

前腿肉半肥半瘦，肉质较老，适宜凉拌、卤、烧、腌、酱腊等。前腿精肉可以与猪臀部和背部的脂肪一起加工成各种香肠。

前爪肉皮厚、筋多、胶质重，适宜凉拌、烧、制汤、炖、卤、煨等，可以加工酱猪蹄。

猪尾皮多、脂肪少、胶质重，适宜烧、卤、凉拌等。

第二节　金华火腿加工

用金华两头乌猪及其杂交猪加工的金华火腿，是自古以来金华地区最有名的传统肉制品，作为国家地理标志产品（图 7-2）以“色、香、味、形”蜚声海内外。金华火腿的发展，推动了金华两头乌猪产业的发展。

金华火腿的加工工艺经历了千年的变化发展，大体上分为四个阶段：一是原始阶段，清朝中叶以前，金华地区火腿加工以农户自发为主，规模小而分散，没有科学规范的标准化工艺，制作特点是缸腌、免水洗、烟熏或风干。二是作坊阶段，清朝中叶至新中国成立约 150 年，火腿作坊开始大量出现，作坊主或自己就是经验丰富的火腿师傅或聘请有名望火腿技师，采用师傅带徒弟方法传授加工技术，初步形成约定俗成的加工工艺，工艺特点是逐渐采用了腿床腌制、活水清洗、晒场制作、楼房发酵等先进技术，促进了生产规模扩大。三是标准工艺阶段，新中国成立后，党和政府十分重视金华火腿加工技术研究，先后多次组织科研人员、火腿技师在总结前人经验基础上制定、实践、检验火腿加工工艺，终于集成一整套科学化、规范化和标准化的金华火腿加工工艺，工艺特点是从选料、腌制、洗晒、整形、发酵、分级、贮藏全过程形成一套标准化操作规程，可以保证火腿质量稳定。四是新工艺阶段，2000 年以后，部分金华火腿企业走出国门，学习研究欧洲火腿加工技术后，对传统工艺进行革新改进，采用控温控湿技术，避免环境变化对火腿质量影响，提高产品合格率。

一、传统全发酵金华火腿

传统工艺加工金华火腿需在每年农历立冬（公历 11 月上旬）至立春（公历 2 月上旬）之间投料腌制。此时气候寒冷，气温在 0～15 ℃，肉质容易保持稳定，腌制用盐量较少，成品香味浓郁纯正，称为“正冬腿”。

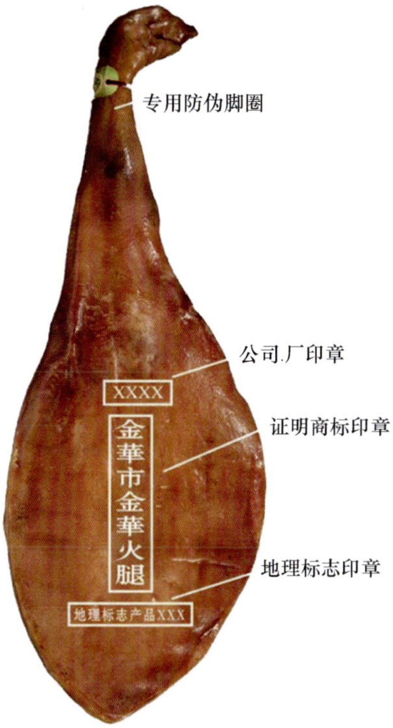

图 7-2　地理标志证明商标

（照片由金华火腿行业协会提供）

传统工艺加工金华火腿工序包括原料选择、腿坯修割、上盐腌制、洗晒整形、上楼发酵、落架分级、堆叠后熟、成品检验等 8 大工序（图 7-3）、48 道工艺步骤，加工期为 7～10 个月。

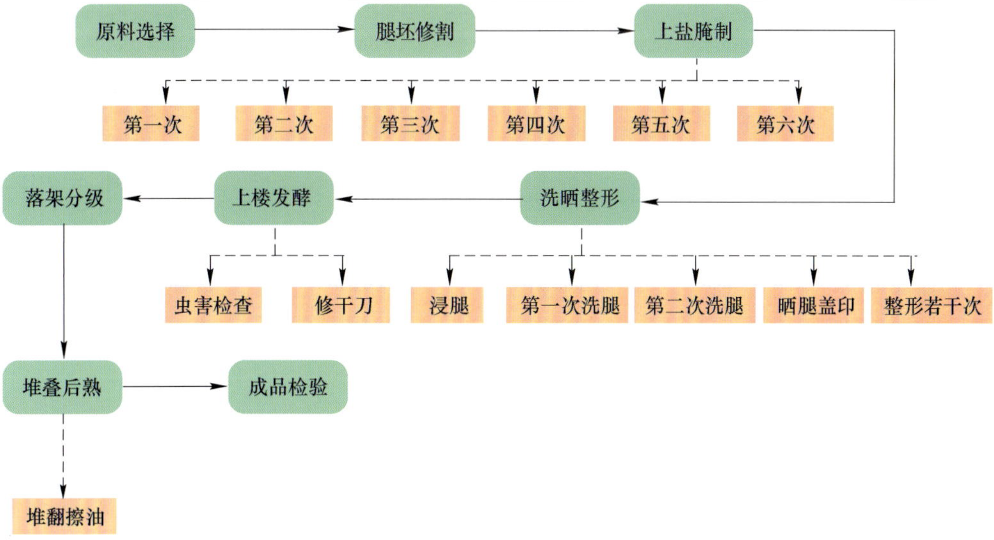

图 7-3　金华火腿加工工艺流程图

（图片由金华火腿行业协会提供）

1. 原料选择

选用经兽医检验合格的金华猪及含金华猪遗传物质的猪腿。一般在腰椎骨1.5～2节处下刀，稍带弧形向股前肥膘取下鲜腿，不带奶脯(图7-4)。原料进厂要有专人负责，按《食品安全法》要求查验相关检疫证明，按《食品安全国家标准　鲜(冻)畜、禽产品》(GB 2707—2016)和火腿坯的规格要求验收质量，称重，做好原料入厂记录，必要时应抽样自检或送检。

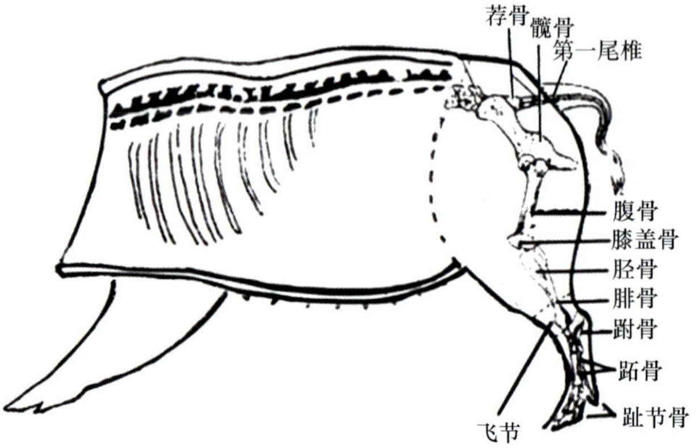

图7-4　腿坯取料示意图

(图片由金华火腿行业协会提供)

鲜腿应摊晾，要求逐只缚脚悬挂，或放洁净腿床或食品级塑料垫板上或不锈钢架子上，不得随意摊在地上。运输中防重压、防尘、防污染、防日晒、防雨淋，保证肉质新鲜。冻腿应解冻，要求放洁净腿床或食品级塑料垫板(架盘)上或不锈钢架子上解冻至腿心温度为0 ℃左右，鼓励使用自动控温控湿设施解冻。净腿只重为6.0 kg以上。皮薄脚细，皮的厚度为0.35 cm以下。外表无破损，腿皮无严重红斑、无“欠”皮、不脱臼、不断骨、外形完整；鲜(冻)腿应血清、毛净、无污染、鲜度良好，公母猪、伤残猪、黄膘猪、传染病猪、皮肤病猪、吹(打)气猪及非正常致死猪腿都不准作加工原料。

2. 腿坯修割(俗称修活刀)

(1)整修　净鲜腿平放在操作台上，用刮毛刀刮去皮面和脚蹄间残毛及血污物。用小铁钩勾去小蹄壳，然后将鲜腿肉面向上脚爪朝右放平。

(2)劈骨　操劈骨刀，劈去露出腿肉的耻骨(俗称眉毛骨)，刀口朝腰椎方向削去露出腿肉外的髋骨(俗称龙眼骨)，不露股骨头(俗称不露眼)。从荐骨下削去尾椎骨，不伤瘦肉。用左手握住腿爪，将腿竖起，肉面向右，腿头顶在桌面上，右手操劈骨刀，分两刀劈平腰椎骨突出肌肉外部分，但不能够劈得太深(俗称不塌鼻)。将腿平放于桌上，肉面朝上，根据腿只大小，在腰椎骨第1节处用刀斩落。

(3)开面　把胫骨部位上的皮捋平，操皮刀把股骨与胫骨之间(俗称踞子骨)的皮划开，成半月形(俗称月亮门)。

(4)修割　用左手拉起“踞子骨”处的皮张，右手操皮刀从“月亮门”处，刀紧贴肉面，刀锋微微向上，徐徐用力，割去皮张和肉面表层油脂薄膜，要求肉面光洁不伤瘦肉(俗称不见红)。左手捋平股前肥膘(俗称肚膛)，随手拉起皮张，右手操刀割去腿边肉。从腿头向荐椎骨方向修净腿边肉。沿股动、静脉血管挤出残留血污。

(5)腿坯修割后的标准　腿形基本是“竹叶形”，达到“两毛两净”(图 7-5)(修割后股前肥膘、荐椎部要适当多留；臀部、腰椎部位要修净)。

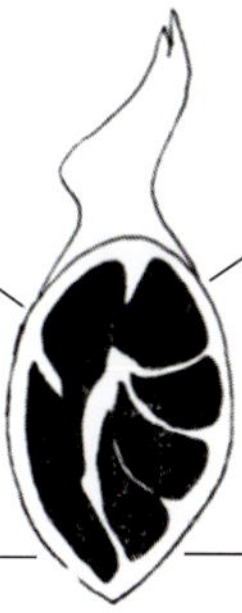

图 7-5　“两毛两净”示意图

(图片由金华火腿行业协会提供)

3. 上盐腌制

(1)投料时间　加工投料季节限定在农历立冬至立春之间。

(2)腌制腿要求　鲜腿进厂的加工原料摊凉后要当天腌制，冻腿进厂的加工原料应自然解冻或控温控湿解冻至腿心温度为 0 ℃左右，禁止泡水解冻。

(3)腌制要求　室温为 0～15 ℃，最佳温度为 5～10 ℃。相对湿度为 70%～90%。

食盐要求：加工用食用盐应用海盐，要求颗粒大小均匀，粗细为 14～20 目，洁白干燥，含水量≤4%，不含抗结剂，符合《食品安全国家标准 食用盐》(GB 2721—2015)规定，最好在夏季购入食用盐，利用阳光曝晒杀菌干燥后装袋保管到冬季投料季节使用。

总用盐量：以每 10 kg 净腿计算，控制在 1 000 g 左右，最多不超过 1 200 g。

(4)在整个腌制过程中，需要分 6 次上盐

第一次上盐：行话称“出水盐”。两手平拿鲜腿于盐盘(盐托)上，用盐擦一下皮面和脚爪，肉面撒上薄盐，敷盐要散而均匀，“三签头”(图 7-6)部位略多一些。用盐量约 200 g，以次日观察略有剩盐为度。敷盐后，腿肉面向上，平移堆叠在“腿床”上，堆好后插上加工日期标签。

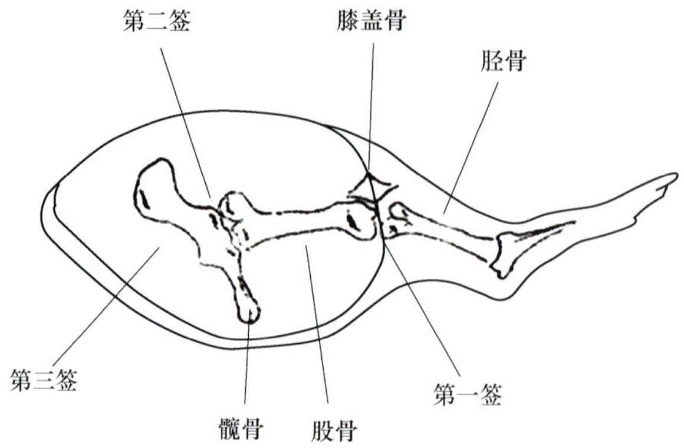

图 7-6 “三签”位置和结构示意图

（图片由金华火腿行业协会提供）

第二次上盐：行话称“上大盐”。次日将腿平拿于盐盘，挤出血管中积血，抹动陈盐。用盐量约 500 g。敷上新盐，撒盐从腿头开始，肌肉组织厚实处多敷，关节和骨骼处重点敷，“月亮门”上方皮面和腿头可少敷；在臀中肌和腹内斜肌之间的凹陷处，用手抹上少量盐。

第三次上盐：行话称“复三盐”。在第二次上盐后的第 5 天进行。用盐量约 200 g。将盐盘上的盐刷干净（以后几次用盐也同样），以防皮面黏盐，然后将陈盐抹于肌肉处，骨骼、关节处敷上新盐，视盐对腿渗透情况掌握用盐量。

第四次上盐：行话称“复四盐”。在第三次上盐后的第 5 天进行。抹动陈盐于骨骼处，盐粒在肉面上成长条状（俗称一缕盐），新盐敷于“三签”处；用盐量每 5 kg 鲜腿 50 g 左右。

第五次上盐：行话称“复五盐”。在第四次上盐后的第 6 天进行，检查“三签”处有无脱盐，脱盐时要加少许盐，过多时要抹去。

第六次上盐：行话称“复六盐”。在第五次上盐后的第 7 天进行。主要还是保证三签头部位不失盐，抹动陈盐集中于三签头。

刷盐：在第六次上盐的 3 d 后，视天气及腿只大小等情况，确定是否洗晒，洗晒前用刷子将腿上未溶化的盐刷掉。可以根据腿的大小、天气情况适当延长或缩短腌制时间，增加翻堆次数。

堆叠：腿坯每次腌制上盐之后，都要在“腿床”上进行堆叠，不得着地堆叠，堆叠方法有直叠法和交叉叠法两种。①直叠法（图 7-7）：每层腿头向外，相向错开，以同层脚不压腿为原则，腿脚与脚皮不能够叠压，层与层之间垫用竹条，高度以 10～12 层为宜。②交叉叠法（图 7-8）：每层腿头向外，腿脚交叉，层与层之间垫用竹条，高度以 10～12 层为宜。

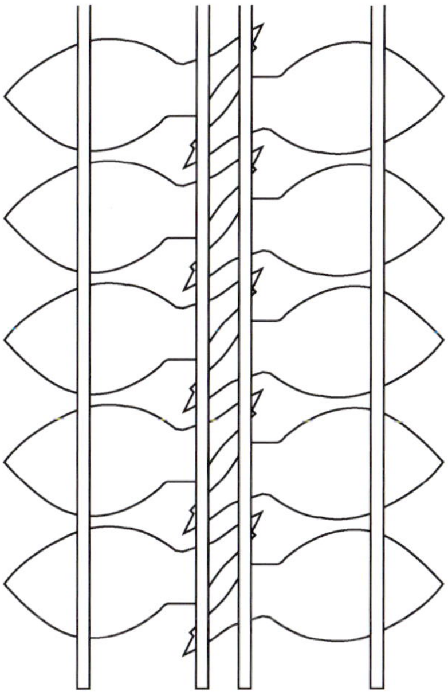

图 7-7　直叠法

（图片由金华火腿行业协会提供）

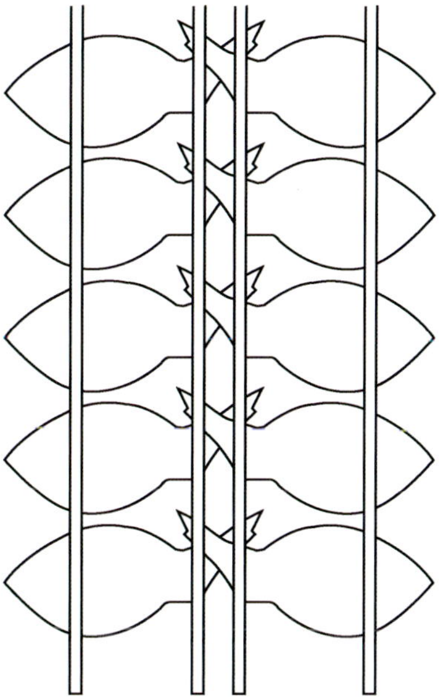

图 7-8　交叉叠法

（图片由金华火腿行业协会提供）

每次上盐后的腿，堆叠时要轻拿轻放，掌握重心，堆叠整齐。在托腿时要一手抓爪，一手托腿的皮面，前后左右不能拖动，如需移动，必须悬空托腿，以免失盐(图 7-9)。

图 7-9　金华火腿加工上盐

（王新洁拍摄）

(5)食品添加剂　硝酸盐(如硝酸钠、亚硝酸钠、硝酸钾、亚硝酸钾)使用应符合《食品安全国家标准 食品添加剂使用标准》(GB 2760—2014)规定,使用前要研细过筛。若用其他添加剂应符合食品安全要求。

用法:在第二次上盐时(俗称上大盐),将添加剂添加于"三签"处。也可将添加剂拌入第二次腌制用食用盐中使用。注意严禁在过程中打签(用竹签嗅味)。

4. 洗晒整形

完成腌制的腌腿,如天气晴好,可进入洗晒工序。

(1)浸腿洗腿

浸腿:腌制成熟的腿应及时洗晒,肉面向下(最底层肉面向上),将腿依次平放浸没于水池中,水要符合卫生要求,浸腿时间一般为 15 h 左右,具体时间视天气情况、腿只大小、盐分多少、水温高低而定。

洗腿:用刷子蘸水将腿上的油污、杂质等刷洗干净,不能伤皮肉。刷洗方法:先腿爪,再皮面,最后刷肉面,刷肉面时,尾椎处从腿爪往腿头方向顺肌肉丝纹刷,刷"肚膛"时,应从腹内斜肌(俗称"蝴蝶肉")起,往腿爪方向顺肌肉丝纹刷。用刮毛刀先脚爪、后皮面刮洗一遍。刷洗干净的腿再置于清水中浸漂约 3 h。第 2 次洗刷:用刷子稍加刷洗,刷洗方法同前。

(2)晒腿、盖印与整形

挂晒:将洗刷干净的腿,用绳子的两端各缚住一只腿爪、挂于晒杠上。叉开手指用大拇指和其他手指分别紧压皮面和腹内斜肌,手向上用力挤抹腹内斜肌处的积水。将晒杠上的腿一高一低悬挂,肉面向阳,晾干水渍。

盖印鉴:一手撑住腿的肉面,一手握印章,蘸上印泥,在腿面正中盖上标记,标记要求在正中、明显。

整形:将腿取下,一手握住胫骨处,一手抓住腿头,将脚爪插入腿凳固定孔中,把跗关节附近的筋绞松。将腿爪的两小趾顶在腿凳上顶压,然后用拇指和食指按住两小趾将脚平放在凳上顶压,将脚爪顶弯。矫直脚骨,用棒槌在跗骨处击三下。方法是跗骨两侧各一下,击得重一些,正跗骨处击得轻一些(俗称二击半),防止击破皮,击碎骨。

捧腿心:"肚膛"顶在腿凳上,双手在坐骨处向下用力压,再握住脚爪往下压一下,双手从两侧将腿心捧拢,使腿心鼓起,捧挤"肚膛"用力要重,坐骨处用力稍轻。皮面朝下,将腿平放在腿凳上。一只手的 4 指嵌入臀中肌和腹内斜肌之间的凹陷处向尾椎方向捏直臀中肌;另一只手用掌缘顶住腹内斜肌向腿爪方向用力,揿平腹内斜肌。将腿一高一低重新挂于晒杠上,用手揉拍腿心,捋平皮张。

以上所述整形工艺，在晒腿时要重复进行。

将整形后的腿日晒，晒腿时采用把腿爪用麻线或食品橡皮圈缚住等方法，使其弯曲，成形后的火腿要求做成两小趾向里，爪弯成 45°角；晒腿时间冬季 5～6 d、春季 4～5 d，晒至皮张收缩而红亮出油为宜。

(3)燎毛　在晒杠上把腿上残毛用喷灯燎烧皮面、肉面，要求均匀迅速，燎除皮面残毛，杀灭肉面可能附着虫卵。

5. 上楼发酵

(1)发酵前准备　洗晒完毕的腿送入发酵房前应检查是否有虫害和虫卵，防止将虫和虫卵带入发酵房。

(2)挂腿要求　将腿分大小挂在楼层发酵间的挂架上，腿分挂两边，排列整齐，腿面朝向一致，间隔距离 5 cm 以上。

(3)发酵时间　腿在发酵间挂至清明节前后，应进行整修，至端午节前结束。

(4)整修

取腿要求：将挂架上的腿成双取下，要求轻拿轻放。

修骨：将腿放在工作台上，用劈骨刀，把突出在肌肉外的耻骨(俗称眉毛骨)修平。把突出于肌肉的“龙眼骨”分三刀(横一刀，向上两刀)修成荞麦形，但不露股骨头(俗称不露眼)。将腿竖起，腿头顶着桌面，削平脊骨，但不能削得太深(俗称不塌鼻)。

修肉面：一手握腿一手握皮刀，先修上半只，从“月亮门”处开始，两边都要把刀紧贴腿肉依膘皮斜弯修下，再用直刀法把下半只的皮膘修掉，两边成弧形。用斜刀法割去油膘、瘦肉高起部分，用平刀法割除肉面不平整部分。

(5)干腿整形后标准　呈“竹叶形”，要求做到一直(脚骨直线与腿头要对直)，二等(从“踞子骨”至“龙眼骨”的长度和“眉毛骨”到“肚膛”阔度基本相等)，二比(“踞子骨”至“龙眼骨”的长度比“龙眼骨”至腿头的长度长 1～2 cm)，二看(平视查看，从皮面看不见膘，从肉面看不见皮)(图 7-10)。

(6)继续发酵　整修好的腿继续上架发酵，上架时要轻拿轻放，防止腿头裂开。

(7)发酵条件　发酵间要求坐北朝南，楼面干燥，室内通风，装有三窗(纱窗、玻璃窗、木板窗或遮阳帘)，并注意防鼠，符合卫生要求。鼓励发酵间安装自动控温控湿装置。发酵在二楼以上(包括二楼)进行。根据气候变化情况，调节发酵间内的气温、湿度，勤开、勤关门窗。

(8)发酵观察

发酵正常：在自然温湿度条件下，腿上长出小白点，小绿点霉菌，随着气温变化，小点

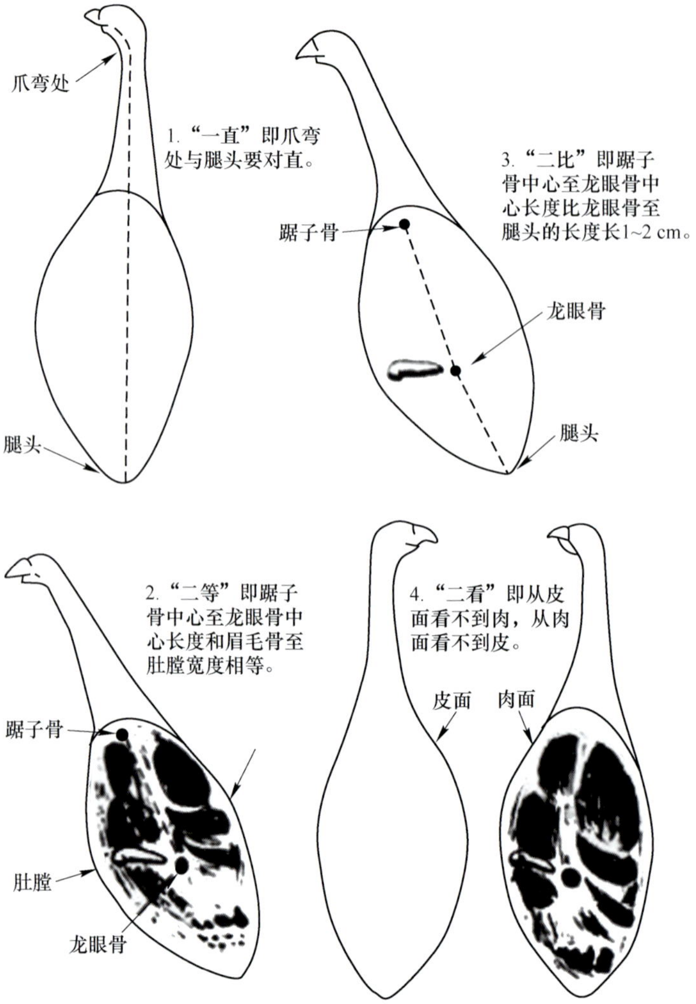

图 7-10 "一直二等二比二看"示意图

(图片由金华火腿行业协会提供)

霉菌由白变绿,逐步扩大到整只腿的肉面。

发酵异常:腿的皮面肉面潮湿发黏,有黄糊,肉面霉菌呈白色或灰黑色。

(9)发酵异常措施 如可以用生石灰铺在地面上吸潮,或用白砻糠灰涂抹在腿的肉面上吸潮,同时应注意食品卫生。已安装自动控温控湿装置的可开机除湿。

(10)接油 用毛竹或其他接油器,接住从腿上渗出的油液,保持仓库卫生。

(11)虫害捕杀和处理 火腿的虫害有白蛆虫、跳虫(酪蝇的幼虫)、白腹皮蠹(乌壳虫)、毛虫(白腹皮蠹的幼虫)等,以白蛆虫、跳虫的危害最大。发现白蛆虫、跳虫应立即将虫害腿剔出,单独处理,防止传播,并捕杀苍蝇。发现毛虫、乌壳虫,用食用植物油或火腿油滴入毛虫孔穴,即可杀死。防治鼠害:发现发酵间内有老鼠,应及时捕灭,堵塞鼠洞。

6. 落架分级

(1)落架　火腿在发酵间内挂至中伏以后，可以开始下架分级。将腿从发酵架上取下，要求轻拿轻放，防止腿头开裂。将落架的火腿，用刷子刷掉腿上的霉菌。

(2)分级　要严格按《地理标志产品 金华火腿》(GB/T 19088—2008)标准进行分级，做到只只过签，分等级堆放，明码标卡。做好分级的原始记录，建立健全全工艺过程加工记录，便于质量追溯。

7. 堆叠后熟

分等级将腿堆叠在腿床上，每堆高度10层为宜，最底层皮面朝下，其他层次皮面朝上(图7-11)。腿床上的火腿一般下架1～2个月内5～7 d翻堆1次。

堆叠后熟或仓储保管期间，每次翻堆时，在火腿上涂抹少量火腿油或食用植物油(菜籽油)。

仓库要求：火腿仓库要求通风干燥，做到7防(防热、防潮、防雨、防霉、防虫、防鼠、防火)。

火腿保管采用堆叠法，堆高10层左右，堆叠在腿床或用干净的竹、木等架子垫底。最底层火腿皮面朝下，自第2层起皮面朝上，要求堆叠平整。

及时翻堆：火腿在保管中要勤翻堆、勤检查，下架1～2个月后，冬、春季1个月翻1次，夏、秋季半个月翻1次，边翻堆边检查火腿有无虫蛀鼠咬情况发生，如有发现，立即采取措施。

火腿在保管期间，仓库的门窗要根据气候变化情况及时开关，晴天日关夜开，雨天关。准备好包装物料以便调运，商品出库要点数、过磅，做到账货相符。

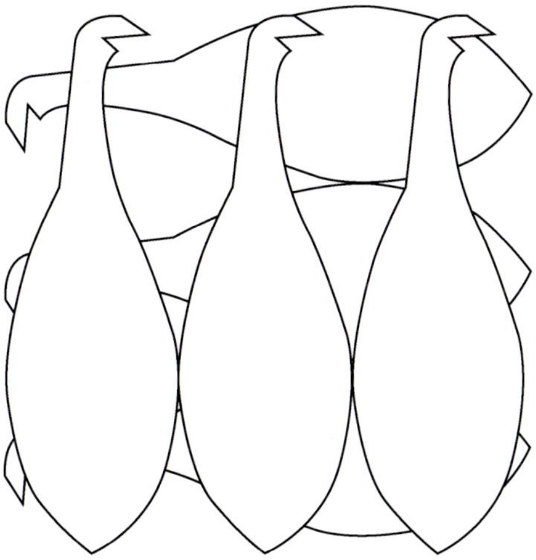

图7-11　后熟堆叠示意图

(图片由金华火腿行业协会提供)

8. 成品检验

按《地理标志产品 金华火腿》(GB/T 19088—2008)标准进行抽检合格后方可出厂，抽检可以是自检也可以送检。

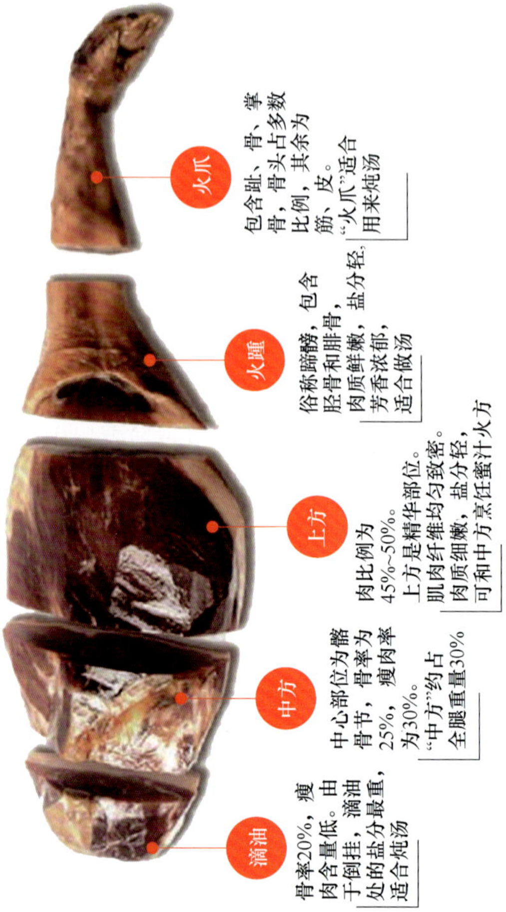

图 7-12 金华火腿各分段部位

（图片由浙江华统肉制品股份有限公司提供）

二、全发酵金华火腿现代工艺

金华火腿现代新工艺即采用现代化控温控湿技术，结合传统工艺操作技术(图 7-13、图 7-14)，使金华火腿的加工周期缩短到 3～4 个月，一年四季均可投料生产。

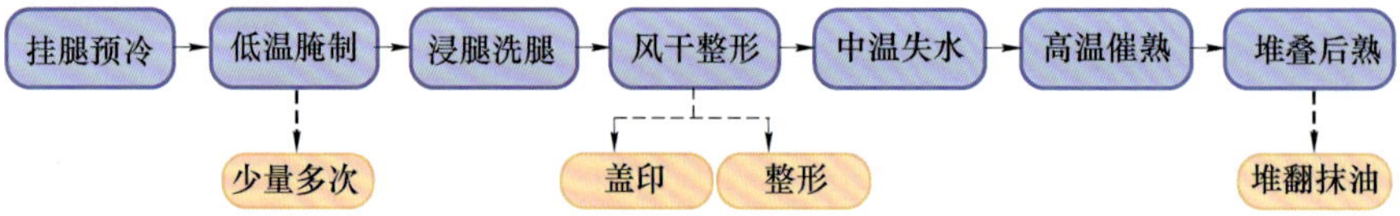

图 7-13 全发酵金华火腿现代工艺流程

图 7-14　全发酵金华火腿现代工艺

（项云拍摄）

1. 挂腿预冷

将已修割成形合格的鲜腿坯挂架预冷，控温 0～5 ℃，时间为 12～24 h（根据腿大小），要求腿心温度降到 4 ℃左右，腿坯表面不得结冰。

2. 低温腌制

腌制温度控制在 2～4 ℃，腌制期间每 4 h 进行空气交换 1 h。上盐方法少量多次，每 100 kg 净腿冬季用盐 7 kg，春、秋季 8 kg，夏季 8.5 kg。冬季的翻堆上盐与传统工艺相同，其他季节开始腌制后，前 5 d 每天翻堆上盐，第 6 天起每隔 1 d 翻堆上盐，总的腌制时间为 25～35 d。

3. 浸腿洗腿

炎热季节浸腿、洗腿应在控温室内进行，室温水温不得超过 25 ℃。

4. 风干整形

在温度 15～20 ℃、相对湿度 70%以下进行，完成盖印、整形等操作。

5. 中温失水

温度、湿度同风干工序，失水时间控制在 20 d 左右。为使腿只失水均匀，应将挂腿定期交换位置，一般前 5 d 每天换位 1 次，以后每隔 5 d 换位 1 次。

6. 高温催熟

高温催熟分两个阶段进行。第一阶段 25～30 ℃，平均温度要求达到 28 ℃左右，相对湿度 60%以下，时间 20 d，每隔 5 d 将挂腿位置交换 1 次；第二阶段温度控制在 30～35 ℃，平均温度达到 33 ℃左右，时间 20 d，每隔 5 d 将挂腿位置交换 1 次。

7. 堆叠后熟

温度控制在 25～30 ℃，湿度控制在 60%左右。每隔 5 d 翻堆抹油 1 次。后熟时间 10～20 d。

现代新工艺生产的金华火腿基本保持了传统工艺金华火腿风味特色，外观洁净，而且除水分含量高于传统工艺火腿外，食盐、三甲胺氮、挥发性盐基氮含量和过氧化值都低于传统工艺火腿（图 7-15 至图 7-21）。现代新工艺缩短了与世界先进生产工艺的差距，正在行业内逐步推广。

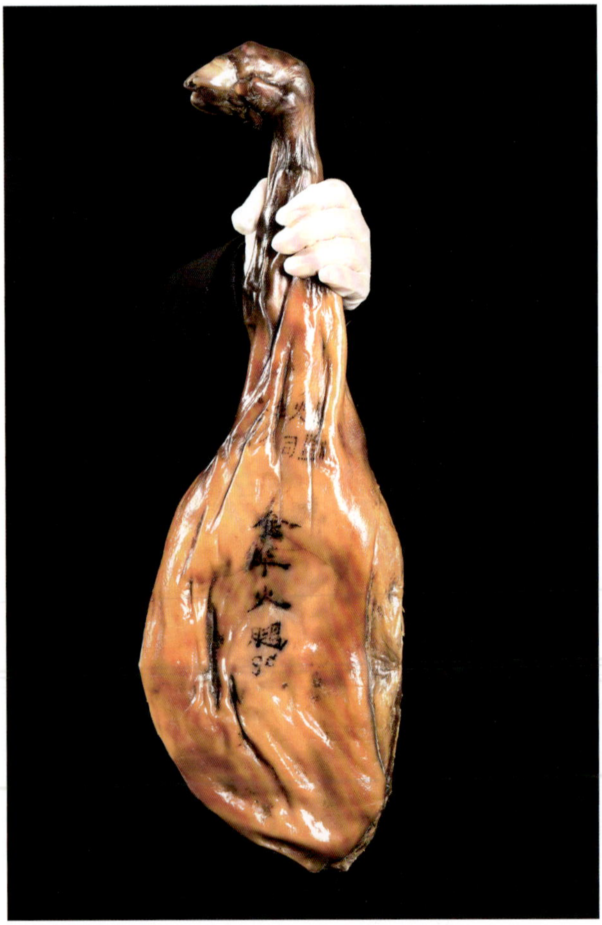

图 7-15　金华火腿

（照片由浙江金华熊猫猪猪两头乌产业发展有限公司提供）

图 7-16 金华火腿上架待切

（照片由浙江金华熊猫猪猪两头乌产业发展有限公司提供）

图 7-17 金华火腿及其切片

（照片由浙江金华熊猫猪猪两头乌产业发展有限公司提供）

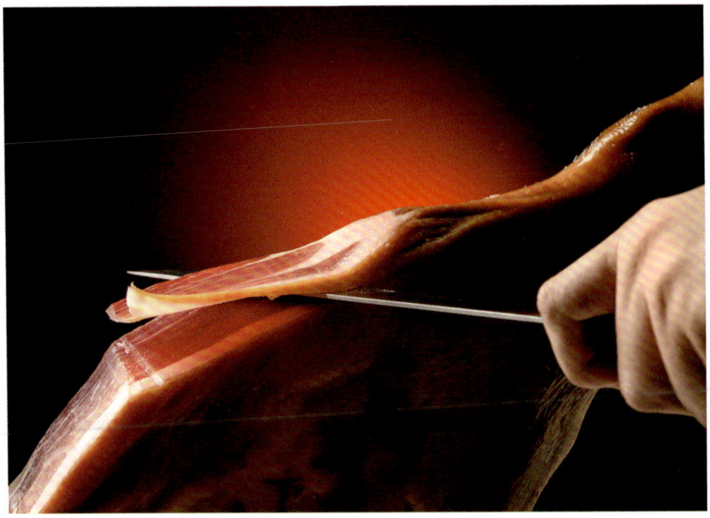

图 7-18　金华火腿精美切片

（照片由浙江金华熊猫猪猪两头乌产业发展有限公司提供）

图 7-19　金华火腿切片

（照片由浙江金华熊猫猪猪两头乌产业发展有限公司提供）

图 7-20　金华火腿展品

（照片由浙江华统肉制品股份有限公司提供）

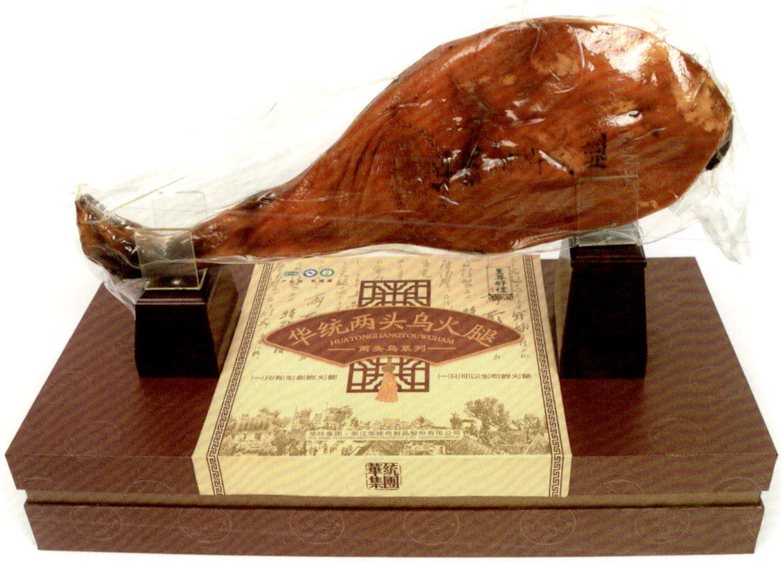

图 7-21　金华火腿展品与包装

（照片由浙江华统肉制品股份有限公司提供）

三、即食发酵金华火腿

即食发酵金华火腿（图 7-22）质量指标特点是含盐量为 6%～8%，含水量为 63%以内，是金华火腿行业近年来根据市场需求，引进、消化国外生吃发酵火腿技术，借鉴祖先“金华茶腿”工艺创新而成的一种金华火腿新产品。与全发酵型烹饪用火腿相比，有三大特点。

(1)可以直接入口生吃，无须烹饪，因而营养成分损失少，营养价值高。

(2)含水量高，含盐量低(6%～8%)，因而适口性好，符合低盐消费趋势。

(3)加工及贮藏全程需要控温控湿，以抑制有害微生物繁殖或有害毒素产生，保证直接入口食用安全及产品的适口性。

图 7-22　即食发酵火腿

(照片由金字火腿股份有限公司提供)

产品加工工艺主要有以下几个步骤，见图 7-23。

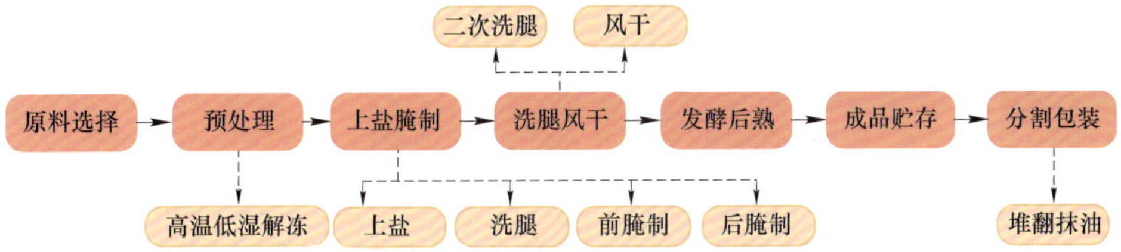

图 7-23　即食发酵火腿加工工艺流程

1. 原料选择

选用饲养周期在 10 个月以上，活体重在 130 kg 左右的商品猪，经过检疫合格并符合《食品安全国家标准　鲜(冻)畜、禽产品》(GB 2707—2016)规定的猪后腿，要求修胚后只重大于 11 kg，腿头脂肪厚度大于 2 cm。如使用进口猪腿肉，必须经海关检疫合格，并提供相应的证书文件。

2. 预处理

(1)冻猪腿应采用高湿低温工艺进行解冻，温度前高后低(18～4 ℃)。相对湿度前低后高(70%～100%)。要求在 24 h 内解冻至腿心温度达到 2～4 ℃。

(2)鲜腿应摊晾，冷却至腿心温度达到 2～4 ℃。

3. 上盐腌制

(1)上盐　总用盐量控制在 7%～8%。可采用堆埋上盐法或堆叠加架盘上盐法，腌制时间冻腿 1 kg/ d，鲜腿 1.3 kg/ d，温度 2～4 ℃，相对湿度 85%～95%。

(2)洗腿　采用自动洗腿机或淋洗装置进行清洗，水温控制在 15～25 ℃。

(3)前腌制　洗腿沥干后进入前腌制间，温度 3～5 ℃，相对湿度 60%～80%，间隙送风，时间 14～15 d。

(4)后腌制　温度、湿度同前腌制，送风间隙时间延长，时间为 40～50 d。

4. 洗腿风干

(1)后腌制结束后，进行第二次洗腿，水温控制在 40～45 ℃。

(2)二次洗腿后进入风干间，风干温度为 15～20 ℃，相对湿度为 55%～85%，时间 7 d。

5. 发酵后熟

(1)发酵　温度 15～20 ℃，相对湿度 60%～80%，间隙送风，时间 60 d。

(2)后熟　温度 20～25 ℃，相对湿度 60%～80%，间隙送风时间延长，时间 300 d 左右。

6. 成品贮存

温度 15～18 ℃，相对湿度 70%～80%，间隙送风。

7. 分割包装

(1)经检验合格的成品腿，用自动洗腿机或淋洗装置清洗表面。

(2)将清洗后的发酵火腿，进入风干间风干表面，温度为 22～24 ℃，相对湿度 50%～60%。

(3)分割、内包装等过程应在洁净的车间内进行，温度<12 ℃，相对湿度 60%～70%，空气净化等级为 10 000 级，正压通风。

(4)分割包装过程严格执行消毒措施，加工器具等定期用 82 ℃以上的高温热水或 75%的酒精消毒。

(5)贮运　去骨去皮去膘的火腿块需要液压成型，真空包装后－18 ℃贮运，切片火腿块真空包装后 0～8 ℃贮运。

即食发酵火腿可以直接生吃，具有口感松软，适口性好的特点，经过长达 12～36 个月的发酵，营养非常丰富而且人体很容易吸收，虽然售价较高但越来越受到消费者欢迎。

四、半发酵火腿

半发酵火腿(图 7-24)是相对于全发酵烹饪用火腿而言的一种金华火腿新品种，质量特点是含盐量在 8%以下，含水量 60%以内。虽然也是一种烹饪用火腿，但与传统全发酵金华火腿相比，有以下特点。

(1)由于相对较高的含水量，较低的含盐量，产品口感松软，咸度适中，香味不及全发酵火腿，但适合煎、炒等各种中式烹饪方法，应用更加广泛。

(2)成品贮存需要控温控湿，温度为 15～20 ℃，相对湿度为 70%～80%，还需要间隙送风。

加工工艺基本等同于全发酵金华火腿，在洗晒上架后 1 个月即为成品，可以出厂销售。

图 7-24　半发酵火腿

（照片由金字火腿股份有限公司提供）

五、金华火腿衍生产品

1. 火腿菜肴

金华火腿在烹饪上可以做如火腿蒸鱼、火腿炖甲鱼、火腿炖鸭、蜜汁火方等名菜，深得消费者的喜爱(图 7-25 至图 7-29)。

图 7-25　火腿蒸鱼

（照片由金字火腿股份有限公司提供）

图 7-26　火腿炖甲鱼

（照片由金字火腿股份有限公司提供）

图 7-27　火腿炖鸭

（照片由金字火腿股份有限公司提供）

图 7-28　蜜汁火方

（照片由金字火腿股份有限公司提供）

图 7-29　低盐金华火腿面

（照片由浙江帕尔马食品有限公司提供）

金华火腿在中式菜肴里应用非常广泛，但也存在烹饪处理比较麻烦的问题，影响了金华火腿的推广使用。为了满足现代社会生活节奏快的需求，部分火腿企业研发生产了许多以火腿为主料或配料的即食火腿菜肴产品（图 7-30），如火腿鸡、火腿鸭、金银蹄、火腿酱等。

图 7-30　即食火腿菜肴

（照片由金字火腿股份有限公司提供）

2. 其他产品

以火腿为原料进行深加工产品，如火腿高汤、火腿精、火腿粉、火腿腐乳等(图 7-31 至图 7-33)，这类产品特点是看不到火腿形状，但可以闻到火腿香味、尝到火腿鲜味。

图 7-31 火腿衍生产品

(照片由金字火腿股份有限公司提供)

图 7-32 金华火腿风味鸭蛋

(实物由金华大拇指火腿食品股份有限公司提供，照片由浙江金华熊猫猪猪两头乌产业发展有限公司拍摄)

图 7-33　金华两头乌猪多个产品

（照片由金华市金府农业发展有限公司提供）

第三节　其他肉制品加工

一、香肠

香肠是指肉制品经过切丁、搅碎等步骤以后，灌入动物天然肠衣或者人造肠衣，再经过风干、熏烤等步骤制成的传统中式肉制品（图 7-34）。全国各地都有地方特色的香肠制品，且生产量和销量都很大，但加工方式基本相似。

图 7-34　香肠

（照片由金字火腿股份有限公司提供）

1. 工艺流程

原料选择—修整—切丁—拌馅—腌制—灌制—漂洗—风干或烘烤—成品。

2. 操作要点

(1)原料选择与修整　制作香肠的原料中，瘦肉最好选用臀腿肉，肥膘最好选用背膘，腿膘也可。要求新鲜，最好是不经过排酸的鲜肉。原料肉需要进行修整，除去筋膜、碎骨，按压出血水，切成肉丁或用绞肉机绞成肉糜，不同类型的肉需要分开准备。

(2)配料　广式香肠配料：瘦肉 70 kg，肥肉 30 kg，精盐 2.2 kg，白砂糖 7.8 kg，白酒(50°)2.5 kg，白酱油 5 kg，硝酸钠 0.05 kg(各地加工香肠配料有所差别，加工工艺大体类似)。

(3)拌馅与腌制　按照配方表将肉馅和配料混合均匀，可以加一点 20 ℃左右的温水加速馅料的混合。馅料内外一致有韧性，方可进行灌制，也可以白酒拌匀。

(4)肠衣的准备　干肠衣需要在水中泡软并且洗去盐分，在清洗肠衣时可以将肠衣从内里翻出来(粗糙面)用清水冲洗，在灌制前检查肠衣是否有破损，破损的部分需要剪去。肠衣用量，每 100 kg 肉馅约需 300 m 猪小肠衣。

(5)灌制　将馅料加入灌肠机，灌入肠衣中，灌制过程要注意速度，速度过快会使香肠不紧实，速度过慢会造成肠衣的破裂或造成浪费。

(6)排气　灌肠完成以后，用针头扎刺湿肠气泡部分，排出内部空气。

(7)捆线结扎　按照不同品种、规格的香肠长度，按照一定的间隔用细线结扎，长度一般在 10～20 cm，枣肠的间隔长度大概在 2～2.5 cm。

(8)漂洗　将结扎好的生香肠在清水中漂洗，水温 35 ℃左右，洗去表面污物。

(9)晾晒和烘烤　将清洗完成的香肠悬挂在竹竿或者架子上，在阳光下风干，特别要注意风干的温度与通风，可先进行阳光曝晒 2～3 d，再在通风良好的场所风干半个月左右。有些香肠成熟过程需要进行烘烤，注意烘房的温度需要维持在 40～60 ℃，一方面保证香肠的成品率，另一方面保证香肠的保藏性。

二、腊肉

腊肉通常指在腊月时节腌制或者烘烤的中式肉制品(图 7-35)。各地加工腊肉的方法基本相似。

1. 工艺流程

选料修整—配制调料—腌制—风干、烘烤或熏烤—包装—贮藏

2. 操作要点

(1)选料修整　采用皮薄肉嫩、肥膘在 2 cm 左右、符合卫生标准的猪肉为原料，一般

图 7-35　腊肉

（照片由金字火腿股份有限公司提供）

用中方肉，也可采用其他部位的肉。肥瘦比例一般在 5∶5 或 4∶6 左右，剔除全部肋骨，切成宽 2～5 cm、长 35～40 cm 的肉条胚。将带皮肥膘的一端用尖刀穿一小孔，系上麻绳以便于吊挂。

（2）配制调料　腊肉的配料通常按照生产当地烹饪肉制品的习惯进行调配。

（3）腌制　腌制方法很多，通常有干腌法、湿腌法和混合腌制法。

干腌法：先将食盐与香料等各种配料进行炒制，炒香以后再将炒好的食盐涂抹在修整好的肋条肉上，涂抹要均匀，皮面可以多用盐，将肉条整齐码放在腌制缸中，肉面朝下，皮面朝上。腌制中期需要翻缸 1 次，尽量做到每个肉条分配到的盐分比较平均。

湿腌法：为腌制去骨腊肉常用的方法。先将盐、香料等配料加沸水配置成盐卤，其中可以加入上一次腌制的老卤，配置好盐液以后要进行高温杀菌（80 ℃，30 min）；再将肉条整个浸入盐卤中，腌制时间通常为 15～18 h，也可以根据盐含量而定，其间需要进行翻缸。

混合腌制法：将干腌后的肉条再浸泡于盐卤中进行湿腌，使食盐渗透更加均匀，缩短腌制时间。

腌制时间根据腌制方法、肉条大小等因素而定，一般腌制时食盐用量≤ 6%。以腌透、且符合食品安全标准为度。

在腌制完成以后肉条需要用挂钩挂起，以防在肉面上形成白斑（盐霜）有碍色泽，整个腌制过程用盐渗透要均匀。腌制结束后要用清水进行漂洗，将盐分漂洗干净。

清洗完成后再将肉条挂到通风良好的处所进行晾干。晾干时间根据用盐量来决定。一般为带骨腊肉不超过 0.5 d，去骨腊肉在 1 d 以上。

（4）风干、烘烤或熏烤　传统腊肉的风干通常在腊月进行，现代化生产可以通过控制温度实现全年生产。烘烤时温度一般控制在 45～55 ℃，烘烤时间一般为 24～72 h。烘房温度需要保持恒温，不能太高也不能太低，温度太高容易烤焦或使脂肪偏黄，温度太低水分蒸发不足肉会发酸。肉条表面出油即完成。

熏烤是最后一道工序，有的加工方式不熏烤也能食用。烘烤时可以进行熏烤，也可以完全烘干后，再进行熏制。

（5）冷却、包装和贮藏　烘烤或熏烤完毕后，将肉条自然冷却，一般采用真空包装，可以常温贮藏 3～6 个月。

三、咸肉

咸肉通常指盐腌加工而成的生肉制品，食用时需经热加工。浙江咸肉的做法在全国非常有名（图 7-36）。咸肉按猪胴体不同的部位分为连片、段头和咸腿三种。连片是指整个半片猪胴体，无头尾、带脚爪，腌成后每片质量在 13 kg 以上；段头是不带后腿及猪头的猪肉体，腌成后质量在 9 kg 以上；咸腿也称香腿，是猪的后腿，腌成后质量不低于 2.5 kg。

1. 工艺流程

选料修整—开刀门—腌制—成品。

2. 操作要点

（1）选料修整　选择符合卫生标准要求的鲜猪肉。对猪胴体进行修整，割除血管、淋巴、碎肉及横膈膜等。

（2）开刀门　为加速腌制，在肉体上开刀口，刀口的深度、大小和多少取决于腌制时的气温和肌肉的厚薄。

图 7-36　咸肉

（照片由金字火腿股份有限公司提供）

（3）腌制　腌制一般分为三次上盐，每 100 kg 鲜肉用食盐 15～18 kg，加入花椒等香料，有的地方在加工咸肉时会加入亚硝酸盐进行肉的保色，亚硝酸盐的添加量需要符合《食品安全国家标准　食品添加剂使用标准》（GB 2760—2014）中亚硝酸盐的使用要求。

第一次上盐也称初盐，占总用盐量的 30％左右，在肉表面少量揉搓以排出血水；第二次上盐一般在第一次上盐的次日进行，占用盐量的 50％左右，先沥干盐卤，再均匀地在肉面与刀口上抹上新盐；第三次上盐也称复盐，占总用盐量的 20％左右，在第二次上盐后 4～5 d 进行，在肉厚的部分要多撒盐，颈椎、刀门、排骨上必须有盐，肉片四周也要抹上盐，腌制过程中需要翻缸。

每次上盐后，要堆叠整齐、片次分明，层层压紧，肉面朝上，稍有斜度，以便于盐卤积累在胸腔，使盐分渗透到各处。

经过 3 次上盐后腌 7 d 左右，便成半成品嫩咸肉。以后还要根据气候情况进行翻堆和补充盐，保持肉身不失盐。从第一次上盐起，约腌 25 d 即为成品。成品率在 90% 左右。

四、熟猪油

熟猪油是一种传统的食用油（图 7-37），猪的脂肪包括皮下脂肪（膘）、肾周脂肪（板油）、肠系膜脂肪（花油）和肌肉间隙脂肪等。味道鲜美，营养价值高。

图 7-37　金华两头乌猪板油熟猪油及其猪油渣

（项云拍摄）

1. 工艺流程

切块—熬煮—冷却—封存。

2. 操作要点

（1）切块　要想炼制出质量较好、产量较高、经济实惠的油品，必须认真选料。选料时，取猪背膘和板油，板油切成 2～3 cm 见方的小块。用温水清洗表面，然后将其置于冷水中浸泡在盘中，根据天气温度决定浸泡时间。油料泡成白色无血丝为准。夏季注意防蝇、防通风。将油膘块放入锅中，放入冷水煮沸，沥干水分备用。

（2）熬煮　将备好的肉样加入锅中，加半碗清水，大火熬开后转小火，熬 1 h 左右肉面变微黄即可。整个过程不用盖盖，微微搅拌均匀。

（3）冷却封存　捞出油渣，油彻底冷却后倒入容器中密封冷藏保存（注意不要把锅底的碎渣倒入），注明日期。

五、酱肉

酱肉在我国具有悠久的加工和食用历史，是猪肉用甜面酱、香辛料等各种调料经腌制、风干而成的一类中式肉制品(图 7-38)，具有色泽美观、风味浓郁的特点。

图 7-38　酱肉

（照片由金字火腿股份有限公司提供）

1. 工艺流程

选料—清洗—腌制—上酱—干制—成品。

2. 操作要点

(1)选料　冬至后，选择臀腿肉或者肋腹肉，切成条状。

(2)配料(香料装入纱布袋)　以 50 kg 猪肋条肉计：甜面酱 5 kg，食盐 2 kg，白砂糖 0.5 kg，桂皮 100 g，绍兴黄酒 2.0～2.5 kg，八角 100 g，红曲米 0.6 kg，姜 1 kg，葱 1 kg。

(3)清洗　用水清洗肉块，去除肉表面淤血和附着的猪毛等杂物，挂起晾干水。

(4)腌制　利用冬季的气温以食盐和香料等辅料的混合物腌制 4～5 d，其间需要每天翻缸，使肉条上盐均匀。

(5)上酱　将肉条挂起，将甜面酱均匀刷到肉条上，待酱干后再继续刷酱，重复2～3次。

(6)干制成品　上酱结束后，将肉条挂于通风蔽光处继续吹晾。分别对原料肉样品(第0 d)、腌制后样品(第4 d)、上酱后样品(第7 d)、自然风干中点间样品(第17 d)、自然风干后样品(第28 d)进行理化指标的测定。符合相关质量标准以后即可包装制成成品。

第四节　金华两头乌猪菜肴制作

一、红烧肉

红烧肉是一道著名的大众菜肴(图7-39)，各大菜系都有自己特色的红烧肉。其以五

图7-39　红烧肉

(照片由金字火腿股份有限公司提供)

花肉为制作主料，最好选用肥瘦相间的三层肉（五花肉）来制作，锅具以砂锅为主，制作出来的肉肥瘦相间，香甜松软，营养丰富，入口即化。

这道菜在我国各地流传甚广，做法多达二三十种，以下介绍一种做法。

1. 主料　金华两头乌猪五花肉 500 g。

2. 配料　酱油 3 汤匙、寿生酒 2 汤匙、糖 3 汤匙、大料 2 颗、盐适量、葱段、姜片各适量。

3. 做法

(1)将猪肉洗净切成适当大小的块，放入开水锅中煮 5 min，用清水洗净，待用。

(2)炒锅置中火上，倒入 3 汤匙油，放入糖加热，待糖完全熔化并在其边缘冒出细小的气泡时，倒入煮好的猪肉。

(3)肉块煸炒 5 min，将糖色均匀地炒在肉块上，把锅中的油倒掉一些，下葱段、姜片、大料略炒，加酱油、足量水和适量盐，用旺火烧开后，转用小火焖烧至猪肉熟烂，即可出锅。

二、白切肉

白切肉为金华传统乡土菜，以猪肉为主要食材（图 7-40）；逢年过节，煮一方猪肉，趁热拆骨，待冷却后切成厚片，佐以酱油蘸食。

1. 主料　猪肉 500 g。

2. 配料　料酒 20 g、姜片 15 g 等。

3. 蘸料　酱油 20 g、蒜泥 10 g 等。

4. 做法

(1)将猪肉用温开水洗净，放入汤锅中，加清水、葱结、姜片、料酒焖烧 1.5 h 左右，取出冷却。

(2)将熟肉去皮，切片装盘。食用时，随带蘸料供蘸食。

三、梅干菜扣肉

梅干菜扣肉是金华菜系的家常菜，菜品美味可口，爽口而不腻人，爽滑劲道（图 7-41）。有多种做法，江浙地区流传甚广。

1. 主料　连皮猪五花肉 500 g，梅干菜适量。

图 7-40　白切肉

（照片由金字火腿股份有限公司提供）

图 7-41　梅干菜扣肉

（图中由浙江金华熊猫猪猪两头乌产业发展有限公司提供）

2. 配料　生姜1块，香葱一把，香叶3片，八角2颗，生抽，白糖1茶匙，老抽，料酒，冰糖3～4粒，醋适量。

3. 做法

(1)连皮猪肉去毛，洗净备用。

(2)梅干菜洗干净上面的盐分，切碎，再浸泡至无咸味。

(3)锅内放清水把猪肉放入，放入生抽、冰糖、生姜块、香葱、八角，把猪肉炖煮20 min，并把煮出的泡沫撇去。

(4)煮好的猪肉，用牙签插满洞，再在四边均匀地涂上深色酱油或老抽，沥干水分。

(5)锅内油热至160 ℃。

(6)放入猪肉块的皮朝下炸，刚下去的时候用锅盖盖2 min。

(7)切成5～8 mm的肉片。

(8)锅内热油，将沥干水分的梅干菜，放入炒香，加入少量白糖、生抽调味。

(9)将切好的肉片，肉皮朝下，装入一个圆碗内。均匀地撒上少量糖、盐调味。

(10)再将炒香的梅干菜，铺上表面，并用汤匙压紧实。

(11)蒸锅内放凉水，将碗放上，不用加盖，盖上锅盖，中火蒸60 min即成。

四、东坡肉

东坡肉是江南地区传统名菜，属于浙菜系。主料是半肥半瘦的猪肉，切成二寸许的正方形猪肉做食材。加入配料焖制而成，成品菜都是码得整整齐齐的麻将块儿，软而不烂，肥而不腻。成菜后，薄皮嫩肉，色泽红亮，味醇汁浓，酥烂而形不碎，香糯而不腻口。

1. 主料　猪五花肋肉1 500 g。

2. 配料　葱100 g、白糖100 g、绍酒250 g、姜块(拍松)50 g、酱油150 g。

3. 做法

(1)将猪五花肋肉刮洗干净，切成10块正方形的肉块，放在沸水锅内煮5 min。

(2)取大砂锅一个，用竹箅子垫底，先铺上葱，放入姜块，再将猪肉皮面朝下整齐地排在上面，加入白糖、酱油、绍酒，最后加入葱结，盖上锅盖，置旺火上，烧开后加盖密封，用微火焖酥后，将近砂锅端离火口，撇去油，将肉皮面朝上装入特制的小陶罐中，加盖置于蒸笼内，用旺火蒸30 min至肉酥透即成。

五、酱猪头肉

酱猪头肉咸香，松烂，棕红，肉质松软，肥而不腻，瘦而不柴，咸鲜适口，佐酒下饭两宜，可谓“秀色可餐”。

1. 主料　猪头肉 50 kg。

2. 配料　盐 1 kg，酱油 2 kg，白糖 1 kg，八角、桂皮、丁香、花椒共 250 g，姜 500 g，白酒 250 g。

3. 做法

(1)选中等大小薄皮猪头。

(2)刮净毛、毛茬和污物，然后劈成两半，除去脑子和鼻腔软骨。

(3)清洗干净后，水中浸泡 1～2 h。

(4)浸好的猪头肉，入沸水中预煮 30 min。

(5)预煮后入酱锅加辅料煮 70 min，拆去头骨，凉透即为成品。

六、酱猪蹄

酱猪蹄是一道传统名菜，在各大菜系中大都有此菜。咸香，酥软，色艳。属于常见的家常菜，主料是猪蹄，以酱油、盐、花椒等配料炖制而成(图 7-42)。

图 7-42　酱猪蹄

（王新洁拍摄）

1. 主料　猪蹄 50 kg。

2. 配料　盐 1 kg，酱油 2 kg，白糖 1 kg，八角、桂皮、丁香、花椒共 250 g，姜 500 g，白酒 250 g。

3. 做法

(1)选个大、皮薄的猪蹄。

(2)摘净蹄毛,刮净死皮,去掉蹄角壳,再用喷灯烧尽绒毛。

(3)加入 80 ℃热水中预煮一遍。

(4)捞出投入酱锅,加料袋慢火煮制 1.5 h 左右,捞出凉透即为成品。

第五节　金华两头乌猪肉膳食营养配餐

人体膳食营养配餐是按人体营养需要,通过计算各种食品中各类营养物质成分含量,设计成每天、每周或每月的人体膳食食谱,确保人体摄入的蛋白质、脂肪、碳水化合物、维生素和矿物质微量元素等营养成分达到人体需要的比例,从而达到均衡膳食营养。

随着人们生活质量的不断提高,人们会越来越重视通过膳食调控自身的健康,比如对一些慢性疾病的预防和控制,膳食营养治疗可发挥非常大的作用。金华两头乌猪肉具有丰富的优质蛋白质、脂类和钙、磷等营养物质,在膳食营养配餐中可以发挥其优秀的营养特性。

根据项云、刘波静、屠平光等(2018)对金华两头乌猪胴体背最长肌、背膘、板油三个部位和猪油脂肪酸组成的研究可知,背最长肌肌内脂肪油酸含量为 47.5%,极显著高于背膘、板油和猪油(由板油熬制)。板油和背膘中的 α-亚麻酸均极显著高于肌内脂肪。肌内脂肪中测出微量的 EPA 和 DHA。猪油的饱和脂肪酸总和为 46.8%,极显著高于其他部位;板油亚油酸含量为 9.1%,极显著高于肌内脂肪和猪油;板油多不饱和脂肪酸为 9.8%,极显著高于其他部位;肌内脂肪单不饱和脂肪酸 51.1%,极显著高于其他部位;板油单不饱和脂肪为 46.4%,显著高于背膘 45.0%。肌内脂肪、背膘、板油三部位的饱和脂肪酸∶单不饱和脂肪酸∶多不饱和脂肪酸的比值分别为 1∶1.16∶0.11、1∶0.99∶0.22 和 1∶1.06∶0.23。金华两头乌猪油酸、棕榈酸、硬脂酸、亚油酸、豆蔻酸和棕榈油酸占总脂肪酸比例的 96%以上。我们认为金华猪背膘、板油含有较丰富的不饱和脂肪酸,可为良好膳食脂肪。

把现代膳食营养的理论与中医食疗的理论相结合,可以有利于取长补短,提升人们对营养摄取的合理性和适应性。金华两头乌猪肉可以补肾益气,滋阴润肺,可促进人体新陈代谢。不同部位的金华两头乌猪肉有不同的特性,比如金华两头乌猪蹄性平味甘,有和血脉与润肌肤之功效;金华两头乌猪脑虽然性寒,但具有补骨髓、健脑、益虚劳的作用；金华两头乌猪肉性温，作为上等营养品，食后身体不会出现燥和冷的感觉。

膳食营养治疗一般不建议烤、炸、煎、爆等烹调方法，避免破坏，同时会产生一些对身体不利的物质。因为患病以后，脾胃的功能减弱，如果以烤、煎、炸、爆等方法烹调的食物，不易被消化吸收。因此，应采取炖、蒸、煮或煲汤等方法烹调制作。项奕膳食营养团队组(2021)以糖尿病人的膳食指导为例，介绍金华两头乌猪肉的应用。

(一)糖尿病膳食指导

每日新鲜蔬菜摄入量控制在 500 g 左右，深色蔬菜要占 50%以上；一日两餐之间要适量选择那些低甜度的水果。当血糖控制较好时候，可以适量地吃点水果，建议选择两餐中间或者运动前、后吃水果。单次食用水果的重量不宜过多，建议每天 200 g 左右(总重量大约为一个中等大小苹果)。

主食要定量，粗细要搭配，杂豆类和全谷物占主食总摄入量的 1/3。因为芋艿、土豆、山药、藕等食物淀粉含量较高，如果食用，应该相应减少这类主食量。

建议经常吃些禽、鱼，畜肉和蛋类要适量，少吃加工类肉制品。首选优选鱼类和禽类，少吃烟熏肉类和食盐量高的腌制食物。

豆类、奶类要每天适量补充，零食加餐要合理，建议每天摄入液态奶 250～300 mL，酸奶要选不含蔗糖和蜂蜜的无糖发酵酸奶，大豆及坚果类每天食量为 30～50 g，在血糖控制较稳定时，餐间零食可以选清淡的坚果。

日常建议清淡饮食，每天足量饮水，糖尿病患者要拒绝饮酒。每人每天烹调油 25～30 g(2 勺半至 3 勺的量)，每天盐不超过 6 g(约一个啤酒瓶盖的量)。推荐饮用白开水每日 1 500～1 700 mL，可适当选择淡茶水。

日常要定时定量，细嚼慢咽；同时要注意进餐顺序。如要改变进餐，顺序要按照蔬菜—肉类—主食顺序进餐。

(二)糖尿病人建议食谱

1. 第一天食谱

早餐(图 7-43)：菜包子(普通面粉 50 g，白色卷心菜 50 g)

低盐茶叶蛋(蛋 60 g)

鲜牛奶 250 mL

加餐：苹果 200 g

图 7-43　糖尿病人膳食指导，第一天早餐

（本节图片由项奕提供）

中餐（图 7-44）：红烧排骨（金华两头乌猪排骨 200 g，可食 100 g）

青椒胡萝卜丝（非辣味青椒 100 g，新鲜胡萝卜 75 g）

清炒西葫芦（西葫芦 100 g）

二米饭（大米 50 g，小米 50 g）

图 7-44　糖尿病人膳食指导，第一天中餐

晚餐(图 7-45):葱烧鱼块(新鲜鱼块 100 g,可食 75 g)

金针菇加豆腐(金针菇 100 g,豆腐 50 g)

蒜香西蓝花(西蓝花 150 g,蒜泥 10 g)

二米饭(大米 40 g,小米 40 g)

蒸玉米 50 g

图 7-45　糖尿病人膳食指导,第一天晚餐

能量 6 239.43 kJ,蛋白质 63.7 g,脂肪 44.6 g,碳水化合物 208.5 g。

2. 第二天食谱

早餐(图 7-46):燕麦片 50 g

无糖发酵酸奶 200 mL

凉拌新鲜黄瓜 100 g

图 7-46　糖尿病人膳食指导,第二天早餐

中餐(图 7-47):三色肉丁(金华两头乌猪肉 100 g,胡萝卜 50 g,黄瓜 50 g)

茄子炒豆角(茄子 100 g,豆角 75 g)

新鲜番茄炒蛋(番茄 200 g,蛋 60 g)

二米饭(小米 50 g,大米 50 g)

图 7-47　糖尿病人膳食指导,第二天中餐

晚餐(图 7-48):新鲜虾清汤面(新鲜虾 75 g,蘑菇 100 g,小青菜 150 g,麦面 100 g)

图 7-48　糖尿病人膳食指导,第二天晚餐

能量 6 315.19 kJ,蛋白质 66 g,脂肪 44.7 g,碳水化合物 210.6 g。

3. 第三天食谱

早餐(图 7-49):玉米糊 150 g(玉米粉 75 g)

水煮蛋 60 g

加餐:牛奶 250 mL

图 7-49 糖尿病人膳食指导,第三天早餐

中餐(图 7-50):甜椒加牛柳(甜椒 100 g,牛柳 100 g)

清炒番薯藤(番薯藤 150 g)

花菜加木耳(花菜 100 g,木耳 10 g)

宜糖米 100 g

加餐:新鲜小番茄 100 g

图 7-50 糖尿病人膳食指导,第三天早餐

晚餐(图 7-51):清蒸带鱼(带鱼 100 g,可食 80 g)
上汤娃娃菜(新鲜娃娃菜 150 g)
海味冬瓜(冬瓜 100 g,虾皮 5 g)
二米饭(小米 50 g,大米 50 g)

图 7-51 糖尿病人膳食指导,第三天晚餐

能量 6 298.03 kJ,蛋白质 70.3 g,碳水化合物 208.2 g,脂肪 43.4 g,以上烹饪方法均以水焯后清炒,或者清蒸摆盘,食用盐每日控制 6 g 以内,每日烹调油控制在 25 mL 以内。

第八章

金华两头乌猪品牌建设

第一节 产业龙头企业品牌发展路径

托马斯·迦得曾经说过,“你的品牌便是你的声誉,应被终身保护”。每一个品牌从诞生到发展,无论是否辉煌,都有无数人为之付出努力,都是市场对商业价值的反馈。在大浪淘沙中留存下来的品牌,必定有其对产品、对客户投入的心血,也融合了企业对市场充足的想象力与创造力。探索产业龙头企业的品牌发展之路,将会是既有趣又生动的一次体验。

一、龙头企业品牌战略定位

(一)金华熊猫猪猪两头乌国际牧场

金华两头乌猪相关产业不仅仅局限在生产加工产品中,在文旅行业也有了新的突破。与传统产业品牌不同,熊猫猪猪乐园从定位、设计到最终呈现效果都颇具新商业模式下品牌的特征(图 8-1、图 8-2)。

1. 市场机会

市场机会通常被认定为持续具有吸引力和适合商务活动发展的空间。市场信息越不对称,企业的机会就越大。市场机会主要体现在为消费者和目标客户创造价值或提升价值的产品与服务之中。虽然市场发展的动向不完全由企业决定,但充分挖掘和利用市场机会是品牌战略中非常重要的一项技能。伴随互联网发展,市场信息不对称性在逐渐减弱,这也为企业提供了更多全方位展现自己的机会。在此背景下,牧场结合国家政策导向、地方政府扶持及市场显性与隐性需求,做出了及时准确的决定。

在牧场初步规划阶段,本土市场能够同时满足消费者亲子、家庭或研学类游览需求的高品质场所寥寥无几。反观市场,对周末及节假日短途出游的需求量在持续增加。针对如何判定潜在市场,企业需要从两个方面着手布局:首先要能够深入了解行业现状,

图 8-1 熊猫猪猪乐园宣传广告

（照片由浙江金华熊猫猪猪两头乌产业发展有限公司提供）

其次要能够读懂并把握经济发展规律，预测未来。牧场综合市场情况，认为在当时整体市场环境属于需求大于供给时，品牌进入市场是红利期。虽然牧场从计划筹建到实际建成经历了 5 年时间，但由于对市场机会的意识比较早，同时对自身的定位清晰且明确，因此仍具有足够的品牌优势。

2. 精准定位

有不少游客曾经表示，踏进熊猫猪猪乐园就仿佛进入了英国高校校园一般。园区以婺城区高质量发展建设共同富裕示范区为命题，经过 5 年时间精心打磨，成为城市文化新地标。牧场以金华两头乌猪为文化 IP 核心元素，以国家 AAAA 级景区精品工程的要求建设，将园区自然景观、历史人文和产业生态融为一体。那么，这样一座“精品牧场”究竟定位了怎样的客户群体呢？

我们常说，品牌定位是从产品设计开始的。熊猫猪猪两头乌国际牧场创始人沈建军表示，牧场设计的初衷是开发以金华两头乌猪为 IP 的系列文创、食品及大健康类产品，打造出具有国内外独特辨识度的高品位农旅项目，从而振兴金华两头乌猪产业。牧场包含产、教、娱乐等不同领域的设施，旨在服务本地家庭及外地到访游客。此外，牧场研学的科普属性还带来了中小学目标客户。

牧场定价策略也符合其整体定位。门票设置了不同票价及购买模式。其中 120 元单人单次的票价整体高于本地其他乐园或农场类游玩场所。但从实际人流量看，精准

图 8-2　熊猫猪猪国际牧场实景图

（照片由浙江金华熊猫猪猪两头乌产业发展有限公司提供）

定价反而为牧场带来了更为优质的客户。家庭式出游的客户，儿童年龄层普遍较低，客户对价格敏感指数也相对较低。换而言之，入场客户自接受票价起，就对牧场内其他相关消费有了较高的包容度。这是精准定位所带来的流量红利。

3. 竞争力

品牌要发展，核心竞争力是根源。之前分析了金字火腿在技术层面的领先优势，现在就牧场的竞争力展开探索。首先，熊猫猪猪乐园是围绕金华两头乌猪这一地标物主题进行建设的。牧场掌握了专业的产品信息和资源，并且以目标客户群能读懂的方式进行呈现。牧场设计了图解式“猪猪的一生”，也创建了金华两头乌猪现代化养殖全过程展示区。这些场景的设计呈现，体现了品牌领先于行业的综合实力。与此同时，所有设计的表达方式都从目标客户群体出发，既生动形象又简单易懂。细节的打磨也成为牧场综合竞争力的优势之一。

牧场为满足消费者全天候游览需求，设计了大面积儿童游乐设施区域，有观赏小火车、家庭用餐区等。这种一站式综合服务模式，以中外典型游乐场为设计范本，结合本土消费市场需求进行改良优化，让消费者获取良好的沉浸式体验。

4. 品牌形象体系

品牌形象体系可以从 VI、MI、BI 等几个层面出发。VI 即视觉设计，将与品牌相关的所有内容统一化、标准化，透过视觉符号设计品牌的理念、精神，从而有效地推广品牌的知名度和塑造独特的大众形象。MI 即品牌理念,体现的是品牌核心思想,代表的是企业存在的价值所在,是企业的信念、价值观念、风格、经营宗旨等一系列精神的统一,简单来说就是品牌的核心思想和价值观念。BI 即行为识别,可以理解为通过企业的种种行为活动在不同的时间、地点以不同的内容和形式表现出来的活动。

熊猫猪猪两头乌国际牧场从品牌名称开始设计了一系列完整的品牌形象体系。牧场整体呈现统一的色调,棕色系建筑凸显了品牌质感,而粉色点缀色系则将可爱、有趣体现得淋漓尽致。品牌传递的经营理念与消费者实际体验的感受是能够实现统一的。而企业在选择与之匹配的营销方式时,也尽可能地保证了传播渠道的质量。用户并没有收到铺天盖地的广告,而是在润物细无声中感受品牌的力量(图 8-3)。

图 8-3 熊猫猪猪国际牧场品牌宣传图

(图片由浙江金华熊猫猪猪两头乌产业发展有限公司提供)

(二)金华金字火腿

1. 品牌核心是品质

金字火腿有限公司创办于 1994 年,两年后注册使用“金字”商标,从此开启品牌搭建发展之路(图 8-4)。在“金字”品牌的发展历程中,始终将生产技术与产品品质作为核心竞争力。从 2005 年至今，“金字”在每一个年头积极累积自身硬实力，不论是低盐火腿的国家发明专利，还是制定国内首个发酵肉制品标准，亦或认定火腿行业国家级高新技术企业，都体现了深耕行业的决心和能力。

金华火腿作为中国国家地理标志产品，衍生了许多本土知名品牌，这些品牌的发展兼具了商业及文化双重属性，承载的内涵也不仅是单纯的产品销售。要挑起中国国家地理标志产品这一称号，最本质的还是要求企业有不断强化的内驱力，将产品本身作为竞争力来源是塑造品牌最为直接有效的途径之一。

图 8-4　金字火腿官网宣传图

（图片由金字火腿股份有限公司提供）

金字火腿的技术优势体现在以下几个方面。

（1）技术资源丰富　企业重视食品技术研究，创建食品科技研发中心，并与多个学术单位建立了紧密的科研合作关系。2021 年 12 月 30 日，中华人民共和国农业农村部联合国家发展改革委、商务部等多部门，正式发布第七批农业产业化国家重点龙头企业名单。经浙江省推荐，金字火腿正式入选第七批农业产业化国家重点龙头企业，这也是国家对农业及农产品加工企业的最高荣誉。

（2）企业创新性强　金字火腿陆续开发了八大类近百种产品，并包含多个国家级发明专利。以低盐火腿为例，该产品紧抓市场需求，获得了消费者普遍好评。

（3）强化质量管控，狠抓产品品质　制定了完善的质量和安全管理制度，并以此为基础成为地理标志产品——金华火腿国家标准（2008 年修订版）主要起草单位。

2. 品牌后盾是口碑

品牌发展离不开用户的支持与信任，金字火腿在发展过程中紧抓客户需求与满意度，倚赖口碑传播效应维系品牌发展长远利益。金字火腿是金华本地较早塑造品牌形象的火腿生产商之一，由于进入市场较早，在消费者心中的留存时间较长，品牌累积的传播范围也较广。多数本地消费者提起金华火腿总能联想到“金字”品牌。同时，金字火腿在品牌发展过程中对产品把控严格，从未出现品牌负面信息，整体公共关系处理良好。综合以上因素，金字火腿收获了来自多数消费者的品牌信任感，这是会长期存在并有机会带来传播效应的品牌资产。

3. 品牌实力是思维

互联网和移动网络给传统企业带来了冲击和挑战，但同时也展现了机会和更多可能性。对于相对成熟的企业来说，市场透明化、技术普及率提升以及同类产品差异化缩小等情况时刻要求他们找寻新的途径来稳定自己在该行业的领先地位。金字火腿对待品牌经营的态度并非一成不变。在企业发展历程中，不论经营策略还是经营模式都经历了较大变革。新的品牌战略和营销手段为金字火腿应对互联网市场的新形势开启了发展的新思路。金字火腿这一品牌是在感知和经验的基础上发展起来的，这些珍贵的经验汇聚成了企业颇具竞争力的思维模式。金字火腿在品牌塑造的过程中，考虑了生产及服务的综合管理，更新了媒体选择，不断优化了内容创作，维护了良好的公共关系。同时，在物流、供应链管理、信息技术和社交媒体层面协同发展。此外，品牌申报“金华火腿国家地理标志产品保护示范区”，获批入选 2021 年国家地理标志产品保护示范区筹建名单，为火腿产业、传统肉制品创新进步争取了又一重要展示窗口。

企业于 2009 年投资建设了中国火腿博览馆并开馆，这一举措将品牌文化上升到了新高度。2011 年，企业跟随电子商务发展角度，正式上线了食品购物平台——巴玛商城，大大拓宽了品牌市场覆盖范围。2017 年，企业评定“浙江省非物质文化遗产传承基地”，强化了品牌的市场价值及消费者认可度。2021 年，金字火腿推出新品“金字火锅火腿”，新品亮相四川火锅节，重点打造产品特色的融合与提升。品牌的产品规划及品牌推广方案数不胜数，每一个建设方案都紧扣当下市场需求及变化，不惧怕接触新事物、新平台、新模式。这是品牌化思维带给企业的红利，也是品牌自身努力的回报。

二、龙头企业品牌传播

在金华两头乌猪产业中处于领先地位的品牌，普遍具有较高的品牌认知度。品牌认知度从来都不是一蹴而就的，而是在不断提升的品牌传播能力陪伴下慢慢发展起来的。随着市场环境的变幻发展，各个品牌的传播方式不尽相同，下面让我们一探究竟。

(一)4P 理论的完全应用

1. 产品策略

产品的设计与发展是品牌建设中最基础也是最核心的一点，如何安排产品系列？如何紧随市场机会？如何体现产品差异化创新、如何总结出产品开发模型？这些问题都是品牌发展的重要衡量标准。

金华两头乌猪产业中的龙头企业，都拥有诸多极具品牌特色的主营产品或服务。金华两头乌猪的地理标志属性，为各相关产品赋予了天然的地域性优势。如此被赋予的地域性框架并不一定是品牌禁锢，要知道畜产品品类的产品目前存在地域品牌记忆度略强于纯商业品牌的情况。站在地域性品牌的肩膀上，摸索出适合市场发展的产品系列，是较为稳妥的品牌发展路径。

2. 价格策略

定价策略主要指为达到不同销售目的而采用的不同价格模式。企业需要在兼顾一次性畜产品品牌价格的同时，重视整体定价管理过程。畜产品多以日常食品、消耗品的形式在市场流通，而这一品类由于属劳动密集型产业，整体价格体系较工业品价格处于弱势地位。但消费者群体的不断细分和消费心理的发展变化，也为两头乌猪品牌的定价带来了更为丰富的可能性。

产品组合定价模式可作为企业主要考虑的方法，也就是根据购买者需求的不同，对同一产品线产品进行不同层级的细分，精确设计不同档次的产品和价格区间。同时，品牌也可考虑产品附加价值和增值体验，通过服务提升或品牌附加价值提升定价区间，以获取更多利润空间。

3. 渠道策略

金华两头乌猪相关的生产加工类企业多数为传统企业，在品牌建设初期直至目前为止仍以线下渠道为主。但作为龙头企业的突出能力应体现在既要有判断市场变化的远见，也要有处变不惊的应对。金字火腿在同类品牌中属于较早涉及线上渠道运营开发的先行者。其对线上渠道的布局与经营也足够重视，整体运作稳定且成绩显著。专注传统市场未必不能成功，但勇于探索新发展，找到适合自己品牌的发展路线，或许能让企业走上更好的上行之路。

4. 促销策略

促销策略需要与单纯的打折促销是不同的概念。促销策略包含各种不同形式下可促进销售的谋略和方法，这些方法包含但不限于价格的调整让利。企业在构建促销策略时应以目标顾客的需求为优先考量，供其所需、激其所欲、投其所好、适其所向、补其所缺、释其所疑、出其不意。要达到上述效果，需要企业依照消费者购买意向的变化及时调整产品展示方法，强化产品的综合印象，以此激发顾客的购买兴趣，具体内容将在精准营销策略部分加以分析。

（二）精准施行营销策略

即使坚信酒香不怕巷子深，也不妨尝试借营销之势，拓宽自己的发展之路。市场营销是打开企业品牌大门的一把钥匙。伴随互联网的发展，网络营销甚至新媒体营销为企业发展带来了新机遇。新环境下的营销形式与平台数不胜数，企业应该保持理智的心态，选择符合自身优势的营销方式，强化自有品牌基础。

在金华两头乌猪的产业中，我们鲜少见到不间断铺天盖地的广告，比较常见的营销策略是在足够了解市场和竞争对手的前提下“量力而行”。之所以要量力而行，就是要将企业优势最终转化为胜势。

第二节　市场新形势下产品品牌建设趋势

一、市场变化带来的机遇和挑战

（一）消费市场悄然变化

金华两头乌猪及其相关产品的消费市场一直在不断发展变化中，从初期的无品牌概念，到品牌市场导入期，再到品牌独步天下，直到如今品牌百花齐放，市场逐渐进入多边形稳定模式。消费市场看似趋于稳定，但又充满了挑战，暗潮涌动。同时，不同规模的品牌在消费市场浮浮沉沉，不断有新的品牌进入市场，也有没落的品牌在竞争中被迫退出市场。

市场变化的来源是多元的。首要刺激来自政府政策扶持。自 2013 年起，金华市政府先后出台《两头乌振兴计划》《金华两头乌猪产业转型升级行动计划》等，来自官方的支持优化了消费市场的产业结构，培育了产业主体，延长了产业链，挖掘出了诸多品牌文化的精髓。

（二）消费习惯升级转型

消费者近年来经历了购物模式的高速变迁，从传统线下购买到电商网购，从电话购物到直播抢货，从 O2O 到新零售，逐渐形成多元化销售路径。不同年龄层的用户都有一定比例愿意在消费方式和消费习惯中实现升级。消费习惯简单理解就是用户行为习惯的再塑造，是浏览、选择、比较、点击、购买全方位行为模式的变更。在 Web 4.0 时代背景下，用户关注的不仅是是否能够购买产品，而是如何实现“买的好”。

同时，快递物流行业飞速发展，农产品跨区域销售的模式正在慢慢实现。快递也从第三方快递遍地开花，发展到电商自营快递频频“跳海”，这为金华两头乌猪品牌的零售新模式提供了发展基础。这一变化带来的优势主要来自对外开放的物流及整体行业服务水平的提升。买东西变得越来越方便了，那为什么不尝试“足不出户”呢？与此同时，后疫情时代刺激了“最后 1 公里”的突破，本地即时零售平台出现飞跃式发展，也为火腿类产品销售提供了新商机。

让消费者参与品牌形象沉淀成为一种发展趋势。消费者不再单纯因为需要而购买。各类影响因素都有机会促成销售转化。商品和品牌的销售同时承载了品质和服务的内涵，提供消费者真正想要的产品和服务也成了消费体验提升的必经之路。

（三）品牌发展机遇

消费习惯的升级，一定程度上重塑了消费者的消费习惯，也为品牌发展带来了机遇。徐平（2018）曾指出，金华两头乌猪产业将实现“三个转变”和“三个提升”。“生产方式”实现转变，由传统养殖方式向规模化、设施化、生态化、集约化、标准化、信息化、智能化养殖转变，由以单一养殖为主的生产方式向以产、加、销一条龙及以合作共赢为主的生产方式转变；“营销模式”实现转变，由传统的实体销售转变为实体营销和网上营销双轮驱动；“产品结构”实现转变，由过去的初级加工向精深加工转变，并趋于多样化和多层次的发展。

与此同时，农业品牌正在逐步实现区域品牌与商业品牌的协同发展。农业品牌传递的品牌灵魂和文化根基，赋予了产品更多与众不同的价值，而这些价值也通过互联网多元化地传递。金华两头乌猪（中华熊猫猪）、浙江三宝之一、金华火腿最佳原料、1 700 年的历史……金华两头乌猪身上有着深厚的历史文化积淀，有很多故事可以讲，而这些故事，因为互联网的发展，有了更多被看见、被分享的机会。

市场和各级政府也赋予了品牌更多的机遇，提升了品牌的影响力。2013 年“金华市两头乌猪”卡通形象被确定为浙江省第二届体育大会吉祥物。根据徐平（2018）整理汇总发现，2016 年 G20 杭州峰会，国宴预选 50 道菜中 11 道菜使用了“金华两头乌猪”生产的金华火腿；招待晚宴上的那道历史名菜“东坡肉”，就是选用金华两头乌猪肉食材烹制而成；2018 年第二届杭州（国际）未来生活节在杭州国际博览中心（G20 杭州峰会会场）举行，金华市组织“金华两头乌猪”主题展馆，向杭州市民展示近年来金华两头乌猪产业发展、品牌文化建设成就，宣传金华两头乌猪相关企业，推介金华两头乌猪相关产品。展会共有伟丰、家农、大堰河、珍其源、金字、华统、金年、雪舫蒋等8家企业参展，参展金华两头乌猪相关产品有鲜肉、火腿、香肠、猪油、粽子、肉酱等20余种。

各种社会化活动增进了消费者对金华两头乌猪相关品牌的认知，也为品牌融入市场提供了更多可能性。未来也将会有更多新形态的市场动态，品牌只有足够了解消费者，才能获取更多发展机遇。

（四）品牌发展挑战

除龙头企业的品牌化运营外，金华两头乌猪的第二阶梯品牌文化发展不足，新零售发展模式仍较为单一，金华两头乌猪品牌上行道路仍存在较大阻力。各乡镇养殖户对品牌化发展、新零售业态有粗略了解但大多缺乏运用能力和尝试意愿。金华两头乌猪及相关产品的品牌化发展主要存在三个问题：一是从事金华两头乌猪饲养及其相关企业品牌管理水平参差不齐，品牌发展主动性不足；二是多数现有品牌定位不够明确，一定程度影响了消费需求，降低了单一产品的市场份额；三是同类产品的品牌标识建设混乱，部分企业之间的恶性竞争导致品牌集成性不强，甚至容易损害金华两头乌猪整体品牌市场声誉。

部分金华两头乌猪养殖户及经营者未进行品牌化经营，或仍依赖于地域性品牌效应。多数农户对本市相对成熟的农产品品牌经营模式及效益表示认同，但也认为自身品牌竞争力无法遵循其发展路径。对于多数中小企业而言，自身经济实力和营销工具知识缺乏等问题直接触发农产品品牌化发展困境，导致品牌经营能力不足。农产品经营的苦和难留不住农村年轻人，导致农村老龄化严重，阻碍品牌发展。这一问题也从问卷的真实数据中体现了出来，仅有32%样本表示愿意在品牌化运营上进行产品、技术及营销层面的创新（王磊，2020）。

二、品牌化运营策略

针对上述问题，可以着眼以下三方面对本市农产品电子商务品牌化运营进行更新优化。

（一）结合本土文化，增强品牌特色

一般农产品生产者及经营者无法依靠个体能力解决区域畜产品品牌知名度大于品牌知名度这一现状。因此，应将发展重心投入在借本土文化力量，强化地域品牌效应，从而实现企业增收。品牌特色由多个维度组成，而其中品牌、产品和服务三者是提升品牌特点及传播力的核心因素。金华本市金华两头乌猪品牌推广可以围绕产品性能、地域

文化、乡贤文化等内容展开，以此凸显畜产品电商化情境下的文化内涵。要在电商竞争中强化品牌特色文化，应规避单一形式的经济活动，以“场景＋内容＋购物”代之。将本土特色畜产品生长环境与产品品质相结合，在消费者线上购物场景中融入自然、绿色等品牌理念。借助畜产品高流量在线销售平台增强品牌知名度。同时，让短视频、直播等新媒体手段成为“生产实况＋销售场景”的有力传播工具。更多品牌信息的多途径传播，也将更好消除消费者购买顾虑，提高金华两头乌猪相关品牌成交转化率（王磊，2020）。

（二）社会化媒体与内容营销

要强化本市畜产品电子商务品牌营销力，养殖户及相关机构可调整思路，利用社会化媒体将营销重点从传统销售转化为内容传播。畜产品电子商务品牌树立及传播可通过信息技术服务对产地实景、养殖过程、质量把控等环节进行可溯源展示。农户或经营主对产品目标客户进行重新定位，针对目标客户进行品牌文化建设、品牌促销、价值同源等多元的品牌化传播模式。以现有县域领域农产品电子商务品牌为参考，提升总体视觉性、文化性及功能性，以期达到更好的传播效果。品牌可借助现代化社会媒体工具，如社交网络、社区团购平台、短视频/直播平台、电子商务平台等，渲染产品功效，强化品牌特征。现行社会化媒体平台主要依托内容输出，用户及观众对内容多样化的接受度也在不断提升。因此，畜产品电商品牌可通过农户传递最真实的一线金华两头乌猪养殖生产内容，也可寻求专业文案内容制作公司，挖掘产品卖点，拓展品牌知名度，提升品牌综合竞争力（王磊，2020）。

各类短视频平台为消费者提供娱乐性购物体验，消费者选择拍摄或直播金华两头乌猪养殖过程，玩转销售顺序，提升购物乐趣。熊猫猪猪两头乌国际牧场、金字火腿、华统火腿、金年火腿、伟丰牧场、金猪府等品牌都进入短视频、直播领域，通过发布各类垂直内容视频吸引关注。以官方账号运营联合平台达人推荐等方式获取流量，为后续销售提供基础。在此类平台下销售的金华两头乌猪肉及金华火腿等产品可尝试进行娱乐化包装，挖掘产品趣味性，吸引年轻化消费者，扩大畜产品上行空间。

（三）数据驱动，精准营销

互联网行业带来的信息传播优势，是金华两头乌猪及其相关产品发展的重要辅助工具。大数据技术在农村地区应用率不高，多数养殖户在认识与应用大数据技术层面存在短板。但同时，畜产品电商品牌化迫切需要利用大量动态数据提炼消费者需求，分析他们对本市畜产品的需求空间，整合出有效信息进行营销推广。因此，如何利用现有科学技术弥补企业电商人才短缺显得尤为重要。不论是选择付费让第三方企业进行专业化运营，还是将基础数据分析能力进行再次普及，都是利用大数据提升畜产品品牌化经营成果的敲门砖。电商平台本身具有信息获取优势，买卖信息几乎以公开透明的方式呈现给各方参与者。品牌化营销应注重消费者的真实需求，让企业从产品生产环节开始体现差异化，对不同平台的营销内容进行及时调整变化。精准营销可利用不同平台工具吸引不同目标客户群，利用大数据的广度与深度，将营销信息深度传播。各电商产业园区应整合区域生产主流方向，精确定位目标消费群，顺应需求优化包装，提升产品综合竞争力。

产业品牌化的过程，必须坚持走提升产品质量、加强产品文化属性，从政府到企业到个人全面宣扬本土畜产品品牌文化，扩展社会知名度。在强化品牌特征的同时，利用社会化媒体资源，实现多平台共同运营。将移动互联网、社交媒体、短视频直播平台等新技术进行普及应用，以富媒体带动品牌效应最大化。同时，应用大数据技术，及时更新消费者需求信息，为消费者推送符合其真实需求的畜产品，全面提升成交转化率，最终达到消费者对金华两头乌猪及其相关产品上行的认可和品牌高黏性的目的。

参考文献

[1] 浙江省金华地区农业局编．金华猪．1981.

[2] 中国金华猪编委会．中国金华猪[M]．上海：上海科学技术出版社，1995.

[3] 金华市农业志编纂委员会．金华市农业志[M]．北京：方志出版社，2008.

[4] 金华猪种质特性测定课题组．金华猪种质特性研究[J]．浙江农业大学学报论丛，1984(1).

[5] 沈元新，徐继初．金华猪及其杂种肌肉组织学特性与肉质的关系[J]．浙江农业大学学报，1984(3)：29-36.

[6] 郎介金，莫自强，徐继初，等．金华猪生殖器官及性机能发育的研究Ⅱ：母猪生殖器官及性机能的发育[J]．浙江农业大学学报，1984(3)：37-44.

[7] 郎介金，莫自强，徐继初，等．金华猪生殖器官及性机能发育的研究Ⅰ：公猪生殖器官及性机能的发育[J]．浙江农业大学学报，1984(2)：25-34.

[8] 陶志伦，项春海，吴达聪，等．近交对金华猪Ⅱ系选育影响的分析[J]．中国畜牧杂志，1986(3)：14-15.

[9] 钟土木．金华猪种质资源保护及开发利用[J]．中国猪业，2006(1)：26-27.

[10] 钟土木，赵青，徐宁迎．金华猪不同品系胴体品质及肉质性状比较[J]．畜牧与兽医，2008，40(7)：49-51.

[11] 胡旭进，黄剑锋，胡斌，等．金华猪研究进展[J]．养猪，2021(5)：57-60.

[12] 项云，胡旭进，杜喜忠，等．金华猪瘦肉系与外来猪杂交商品猪的胴体肉质性状研究[J]．浙江畜牧兽医，2012，37(4)：1-4.

[13] 项云，胡旭进，杜喜忠，等．金华猪瘦肉系与外来猪杂交商品猪胴体肉质性状研究[C]//浙江大学(Zhejiang University)，中国遗传学会(Genetics Society of China)，美洲华人遗传学会(Association of Chinese Geneticists in America)．遗传学为人类造福——全球华人遗传学大会论文集．遗传学为人类造福——全球华人遗传学大

会论文集,2012:148.

[14] 楼芳芳,项云,杜喜忠,等.B型金华猪不同杂交组合主要胴体性能、肉质性状分析[J]. 养猪,2017(4):71-72.

[15] 项云,胡旭进,杜喜忠,等. 利用Gompertz方程拟合金华猪新品系(B型)后备猪生长曲线的研究[J]. 浙江畜牧兽医,2010,35(5):1-3.

[16] 章啸君,项云,郭晓令,等. 金华猪采食性状与生长性状的研究[J]. 浙江畜牧兽医,2018,43(6):3-5.

[17] 屠平光,范雅婷,黄剑锋,等. 不同培养体系对金华猪卵母细胞体外成熟的影响[J]. 浙江畜牧兽医,2020,45(2):4-5.

[18] 屠平光,项云,章啸君,等. 不同血清浓度对金华猪耳缘组织成纤维细胞体外生长的影响研究[J]. 浙江畜牧兽医,2014,39(6):1-3.

[19] 杜喜忠,杨民,楼芳芳,等. 猪伪狂犬病母源抗体衰减规律及适时首免试验[J]. 养猪,2012(2):108-109.

[20] 杜喜忠,胡旭进,楼芳芳,等. 猪瘟和蓝耳病母源抗体消长规律及疫苗免疫的干扰作用[J]. 浙江农业科学,2010(5):1118-1120.

[21] 陈究成. 浙江省地方猪群体遗传结构研究[D]. 杭州:浙江大学,2016.

[22] 陈究成,彭静,毛海光,等. 嵊县花猪全基因组选择信号检测[J]. 中国畜牧杂志,2018,54(10):41-46.

[23] 王振. 太湖流域地方品种猪基因组结构及其功能研究[D]. 上海:上海交通大学,2015.

[24] 徐宁迎,王先明,曹小英,等. 长白猪主要选育性状间的典型相关分析[J]. 浙江大学学报(农业与生命科学版),2000,26(5):563-566.

[25] 孟立,张艳丽,范钦龙,等. 转座子Tol2的特性及其在转基因动物中的应用[J]. 江西农业学报,2009,21(11):123-126.

[26] 陈究成,毛海光,徐宁迎,等. 基于二代测序技术的浙江省地方猪种的分子遗传聚类[J]. 中国猪业,2015(2):57-60.

[27] 中国兽药典委员会. 中华人民共和国兽药典[S]. 北京:中国农业出版社,2020.

[28] 兰新财,仇伟武,章红兵,等. 增免康(芪贞增免颗粒)增强仔猪免疫功能的试验研究[J]. 浙江畜牧兽医,2011,3(11):6-7.

[29] 叶志惠,兰新财,欧彬,等. 两种中药颗粒剂对正常小鼠免疫细胞因子调节作用的研究[J]. 中国兽药杂志,2019,53(7):56-60.

[30] 刘燕,朱金凤. 2017—2019年郑州地区猪圆环病毒3型分子流行病学调查及*Cap*基因序列分析[J]. 动物医学进展,2022,43(1):127-130.

[31] 兰新财,赵丽丽,叶志惠,等. 复方中药口服液抗腹泻作用机理研究[J]. 中兽医医药杂志,2014,33(6):19-21.

[32] 贾志华. 论蓝耳病与猪场其他疾病的关系[J]. 今日养猪业,2016(9):29-31.

[33] 朱丽娜,杨梦飞,李怡鹏. 子莲资源化利用沼液关键技术[J]. 长江蔬菜,2020(11):71-72.

[34] 叶勇标,杨梦飞,杨新琴,等. 沼液不同灌溉浓度对茭白生物学性状及田间水质的影响[J]. 长江蔬菜,2017(18):136-139.

[35] 翁晓星,王可,傅剑,等. 金华猪精准养殖与管理技术[J]. 农业工程,2021,11(10):37-41.

[36] 刘同海. 基于双目视觉的猪体体尺参数提取算法优化及三维重构[D]. 北京:中国农业大学,2014.

[37] 黄小国,吕向阳,陆昌华,等. 基于物联网的智慧猪场信息化平台的建设与应用[C]//中国畜牧兽医学会信息技术分会. 中国畜牧兽医学会信息技术分会第十二届学术研讨会论文集,2017:129-133.

[38] 杨艳,滕光辉,李保明,等. 基于计算机视觉技术估算种猪体重的应用研究[J]. 农业工程学报,2006,22(2):127-131.

[39] 付为森,滕光辉. 基于双目视觉技术的猪生长监测系统标定模式[J]. 农业机械学报,2009,40(S1):223-227.

[40] 付为森,滕光辉,杨艳. 种猪体重三维预估模型的研究[J]. 农业工程学报,2006,22(S2):84-87.

[41] 马晓钟,姜涛,童皓赟,等. 金华火腿传统工艺工序划分[J]. 肉类工业,2017(7):12-14.

[42] 马晓钟,王新洁,郭如斌. 传统金华火腿腌制用盐量的控制研究[J]. 肉类工业,2019(3):12-16.

[43] 金华火腿行业协会. 金华火腿传统加工规程:T/JHHTA 0001—2019[S]. 北京:全国团体标准信息平台,2019.

[44] 项云,刘波静,屠平光,等. 金华猪胴体脂肪酸组成研究[J]. 浙江畜牧兽医,2018,43(03):1-4.

[45] 徐平. 金华两头乌 中华“熊猫猪”[J]. 农产品市场周刊,2018(46).